今すぐ使えるかんたんmini

Imasugu Tsukaeru Kantan mini Series

PowerPoint 2019

基本技

技術評論社

本書の使い方

- 画面の手順解説だけを読めば、操作できるようになる！
- もっと詳しく知りたい人は、補足説明を読んで納得！
- これだけは覚えておきたい機能を厳選して紹介！

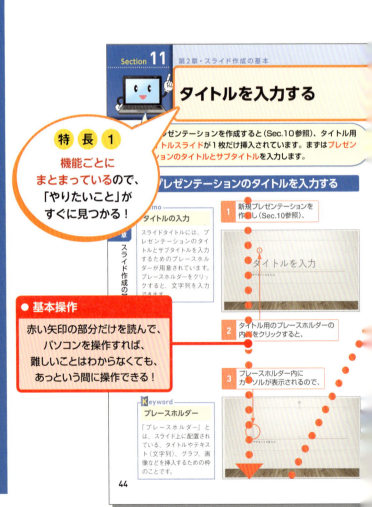

特長 1
機能ごとにまとまっているので、「やりたいこと」がすぐに見つかる！

● 基本操作
赤い矢印の部分だけを読んで、パソコンを操作すれば、難しいことはわからなくても、あっという間に操作できる！

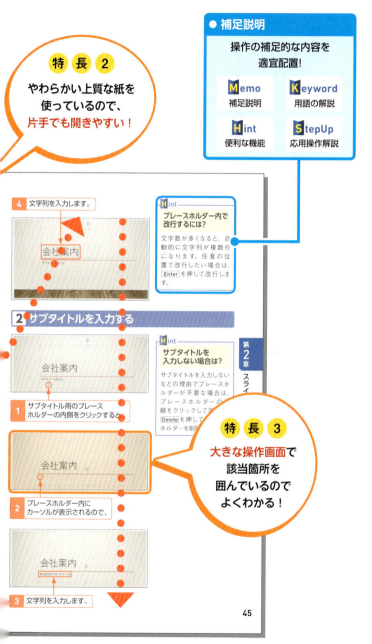

パソコンの基本操作

- 本書の解説は、基本的にマウスを使って操作することを前提としています。
- お使いのパソコンのタッチパッド、タッチ対応モニターを使って操作する場合は、各操作を次のように読み替えてください。

1 マウス操作

▼ クリック（左クリック）

クリック（左クリック）の操作は、画面上にある要素やメニューの項目を選択したり、ボタンを押したりする際に使います。

マウスの左ボタンを1回押します。

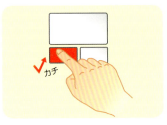

タッチパッドの左ボタン（機種によっては左下の領域）を1回押します。

▼ 右クリック

右クリックの操作は、操作対象に関する特別なメニューを表示する場合などに使います。

マウスの右ボタンを1回押します。

タッチパッドの右ボタン（機種によっては右下の領域）を1回押します。

▼ ダブルクリック

ダブルクリックの操作は、各種アプリを起動したり、ファイルやフォルダーなどを開く際に使います。

マウスの左ボタンをすばやく2回押します。

タッチパッドの左ボタン(機種によっては左下の領域)をすばやく2回押します。

▼ ドラッグ

ドラッグの操作は、画面上の操作対象を別の場所に移動したり、操作対象のサイズを変更する際などに使います。

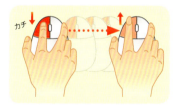

マウスの左ボタンを押したまま、マウスを動かします。目的の操作が完了したら、左ボタンから指を離します。

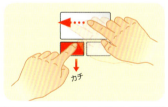

タッチパッドの左ボタン(機種によっては左下の領域)を押したまま、タッチパッドを指でなぞります。目的の操作が完了したら、左ボタンから指を離します。

Memo

ホイールの使い方

ほとんどのマウスには、左ボタンと右ボタンの間にホイールが付いています。ホイールを上下に回転させると、Webページなどの画面を上下にスクロールすることができます。そのほかにも、Ctrlを押しながらホイールを回転させると、画面を拡大／縮小したり、フォルダーのアイコンの大きさを変えたりできます。

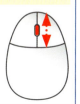

2 利用する主なキー

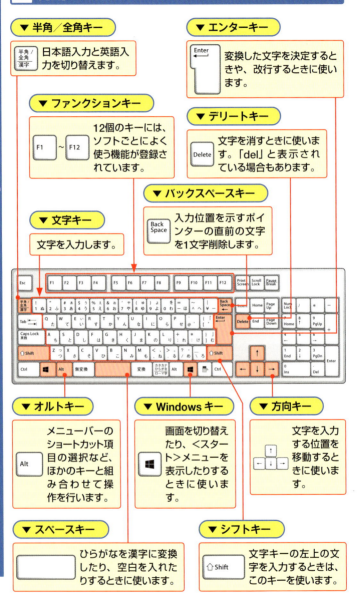

▼ 半角／全角キー

日本語入力と英語入力を切り替えます。

▼ エンターキー

変換した文字を決定するときや、改行するときに使います。

▼ ファンクションキー

12個のキーには、ソフトごとによく使う機能が登録されています。

▼ デリートキー

文字を消すときに使います。「del」と表示されている場合もあります。

▼ バックスペースキー

入力位置を示すポインターの直前の文字を1文字削除します。

▼ 文字キー

文字を入力します。

▼ オルトキー

メニューバーのショートカット項目の選択など、ほかのキーと組み合わせて操作を行います。

▼ Windows キー

画面を切り替えたり、＜スタート＞メニューを表示したりするときに使います。

▼ 方向キー

文字を入力する位置を移動するときに使います。

▼ スペースキー

ひらがなを漢字に変換したり、空白を入れたりするときに使います。

▼ シフトキー

文字キーの左上の文字を入力するときは、このキーを使います。

3 タッチ操作

▼ タップ

画面に触れてすぐ離す操作です。ファイルなど何かを選択するときや、決定を行う場合に使用します。マウスでのクリックに当たります。

▼ ダブルタップ

タップを2回繰り返す操作です。各種アプリを起動したり、ファイルやフォルダーなどを開く際に使用します。マウスでのダブルクリックに当たります。

▼ ホールド

画面に触れたまま長押しする操作です。詳細情報を表示するほか、状況に応じたメニューが開きます。マウスでの右クリックに当たります。

▼ ドラッグ

操作対象をホールドしたまま、画面の上を指でなぞり上下左右に移動します。目的の操作が完了したら、画面から指を離します。

▼ スワイプ/スライド

画面の上を指でなぞる操作です。ページのスクロールなどで使用します。

▼ フリック

画面を指で軽く払う操作です。スワイプと混同しやすいので注意しましょう。

▼ ピンチ/ストレッチ

2本の指で対象に触れたまま指を広げたり狭めたりする操作です。拡大(ストレッチ)/縮小(ピンチ)が行えます。

▼ 回転

2本の指先を対象の上に置き、そのまま両方の指で同時に右または左方向に回転させる操作です。

サンプルファイルのダウンロード

- 本書で使用しているサンプルファイルは、以下のURLのサポートページからダウンロードすることができます。ダウンロードしたときは圧縮ファイルの状態なので、展開してから使用してください。

```
http://gihyo.jp/book/2019/978-4-297-10752-9/support
```

▼ サンプルファイルをダウンロードする

1 ブラウザー（ここではMicrosoft Edge）を起動します。

2 ここをクリックしてURLを入力し、Enterを押します。

3 表示された画面をスクロールし、＜ダウンロード＞にある＜サンプルファイル＞をクリックすると、

ダウンロード

本書のサンプルファイルをダウンロードできます。

データは，圧縮ファイル形式でダウンロードできます。圧縮ファイルをダウンロードしていただき，適宜展開してご利用ください。

サンプルファイル
第2章サンプルデータ

4 ファイルがダウンロードされるので、＜開く＞をクリックします。

▼ ダウンロードした圧縮ファイルを展開する

1 エクスプローラーの画面が開くので、

2 表示されたフォルダーをクリックし、デスクトップにドラッグします。

3 展開されたフォルダーがデスクトップに表示されます。

4 展開されたフォルダーをダブルクリックすると、

5 各ファイルが表示されます。

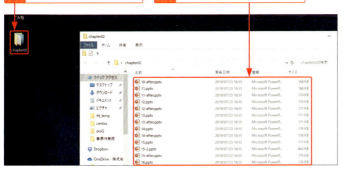

Memo

サンプルファイルのファイル名

サンプルファイルのファイル名にはSection番号が付いています。「18.pptx」というファイル名はSection 18のサンプルファイルであることを示しています。また「18-after.pptx」のように、ファイル名のあとに「after」の文字が入っているファイルは、操作後のファイルを示しています。なお、Sectionによってはサンプルファイルがない場合もあります。

9

CONTENTS 目次

第1章 PowerPointの基本

Section 01 PowerPointとは? ································· **18**
プレゼンテーション用の資料を作成する
プレゼンテーションを実行する

Section 02 PowerPoint 2019を起動・終了する ················· **20**
PowerPoint 2019を起動する
PowerPoint 2019を終了する

Section 03 PowerPoint 2019の画面構成 ·················· **22**
PowerPoint 2019の基本的な画面構成
スライドの表示を切り替える

Section 04 PowerPoint 2019の表示モード ················· **24**
表示モードを切り替える
表示モードの種類

Section 05 リボンの基本操作 ····························· **26**
タブを切り替える
ダイアログボックスを表示する
リボンをカスタマイズする

Section 06 操作を元に戻す・やり直す ····················· **30**
操作を元に戻す・やり直す
操作を繰り返す

Section 07 プレゼンテーションを保存する ··················· **32**
名前を付けて保存する
旧バージョンのppt形式で保存する

Section 08 プレゼンテーションを開く・閉じる ··············· **36**
プレゼンテーションを閉じる
プレゼンテーションを開く

第2章 スライド作成の基本

Section 09 スライド作成のワークフロー ···················· **40**
スライドに文字列を入力する
書式を設定する

10

グラフや画像などを挿入する
アニメーションを設定する

Section 10　新しいプレゼンテーションを作成する……………… 42
テーマを選択する
バリエーションを選択する

Section 11　タイトルを入力する……………………………………… 44
プレゼンテーションのタイトルを入力する
サブタイトルを入力する

Section 12　スライドを追加する……………………………………… 46
新しいスライドを挿入する
スライドのレイアウトを変更する

Section 13　スライドの内容を入力する……………………………… 48
スライドのタイトルを入力する
スライドのテキストを入力する

Section 14　スライドの順番を入れ替える…………………………… 50
サムネイルウィンドウでスライドの順序を変更する
スライド一覧表示モードでスライドの順序を変更する

Section 15　スライドを複製・削除する……………………………… 52
プレゼンテーション内のスライドを複製する
ほかのプレゼンテーションのスライドをコピーする
スライドを削除する

Section 16　テキストの書式を設定する……………………………… 56
フォントを変更する
フォントサイズを変更する
フォントの色を変更する
段落の配置を変更する

Section 17　行頭文字を変更する……………………………………… 60
行頭文字の種類を変更する
段落に連続した番号を振る

Section 18　タブとインデントを利用する…………………………… 62
ルーラーを表示する
タブ位置を設定する
インデントを設定する

Section 19　テキストに段組みを設定する…………………………… 66
テキストを2段組みにする

CONTENTS 目次

Section 20 すべてのスライドに日付や会社名を挿入する ············ **68**
フッターを挿入する

Section 21 スライドのデザインを変更する ····················· **70**
テーマを変更する
配色を変更する

第3章 図形の作成

Section 22 線や図形を描く ····································· **76**
図形を描く
直線を描く
曲線を描く
2つの図形を連結する

Section 23 図形を編集する ····································· **80**
図形を移動する
図形をコピーする
図形の大きさを変更する
図形の形状を変更する
図形を回転する
図形を反転する

Section 24 図形の色を変更する ································· **86**
図形の塗りつぶしの色を変更する
図形にスタイルを設定する
図形に効果を設定する

Section 25 図形に文字列を入力する ····························· **90**
作成した図形に文字列を入力する
テキストボックスを作成して文字列を入力する

Section 26 複数の図形を操作する ······························· **92**
重なり合った図形の順序を変更する
複数の図形を等間隔に配置する
複数の図形をグループ化する

Section 27 SmartArtで図を作成する ······················· **96**
SmartArtを挿入する
SmartArtに文字列を入力する
図形を追加する

12

Section 28 **SmartArtのスタイルを変更する**……………………… **100**
SmartArtのスタイルを変更する

Section 29 **テキストをSmartArtに変更する**……………………… **102**
テキストをSmartArtに変換する

第4章	**表やグラフの作成**

Section 30 **表を作成する**…………………………………………… **104**
表を挿入する
セルに文字列を入力する

Section 31 **表を編集する**…………………………………………… **106**
列を追加する
複数のセルを1つに結合する
セル内の文字列を縦書きにする
表のサイズを調整する
列の幅を調整する
セル内の文字列の配置を設定する
セルの塗りつぶしの色を変更する
罫線の太さや色を変更する

Section 32 **グラフを作成する**……………………………………… **114**
グラフを挿入する
データを入力する
不要なデータを削除する

Section 33 **グラフを編集する**……………………………………… **118**
グラフの構成要素
グラフ要素の表示／非表示を切り替える

Section 34 **グラフのデザインを変更する**………………………… **122**
グラフスタイルを変更する
グラフ全体の色を変更する
特定のデータマーカーの色を変更する

Section 35 **Excelから表やグラフを挿入する**…………………… **126**
Excelの表をそのまま貼り付ける
Excelとリンクした表を貼り付ける

13

CONTENTS 目次

第5章 画像や動画の設定

Section 36 画像やビデオを挿入する ················ **130**
パソコンに保存されている画像を挿入する
スクリーンショットを挿入する
ビデオを挿入する

Section 37 画像を編集する ···························· **134**
画像をトリミングする
画像の明るさやコントラストを調整する
画像にスタイルを設定する

Section 38 ビデオを編集する ·························· **138**
ビデオをトリミングする
ビデオの明るさやコントラストを調整する
ビデオの表紙画像を設定する

Section 39 スライドに音楽を入れる ················ **142**
音楽を挿入する

第6章 アニメーションの設定

Section 40 画面切り替え効果を設定する ·········· **146**
スライドに画面切り替え効果を設定する
画面切り替え効果のオプションを設定する
画面切り替え効果を確認する

Section 41 アニメーション効果を設定する ········ **150**
オブジェクトにアニメーション効果を設定する
アニメーションの方向を設定する
アニメーション効果を確認する

Section 42 アニメーション効果を変更する ········ **154**
アニメーションの開始のタイミングを変更する
一度に表示されるテキストの段落レベルを変更する
アニメーション効果をコピーする
アニメーションの再生順序を変更する

Section 43 アニメーション効果の例 ················ **160**
テキストを1文字ずつ徐々に表示させる

14

行頭から順に文字の色を変える

第7章 プレゼンテーションの実行

Section 44 発表者のメモをノートに入力する················· 162
ノートウィンドウにノートを入力する
ノート表示モードに切り替える

Section 45 リハーサルでスライドの切り替えを確認する············ 164
リハーサルを行って切り替えのタイミングを設定する
時間を入力して切り替えのタイミングを設定する

Section 46 スライドショーを実行する··························· 168
発表者ツールを使用する
スライドショーを進行する
スライドを拡大表示する
目的のスライドを表示する

Section 47 実行中のスライドにペンで書き込む··············174
ペンでスライドに書き込む

第8章 配布資料の印刷

Section 48 スライドを印刷する····························· 176
スライドを1枚ずつ印刷する
ノートを印刷する

Section 49 1枚の用紙に複数のスライドを印刷する··············· 180
3枚のスライドを配置して印刷する

Section 50 資料に日付やページ番号を挿入する··············· 182
配布資料に日付やページ番号を印刷する

Section 51 プレゼンテーションをPDFで配布する··············· 184
PDFで保存する

覚えておくと便利なショートカットキー一覧··············186

索引··············188

15

ご注意：ご購入・ご利用の前に必ずお読みください

● 本書に記載された内容は、情報の提供のみを目的としています。したがって、本書を用いた運用は、必ずお客様自身の責任と判断によって行ってください。これらの情報の運用の結果について、技術評論社および著者はいかなる責任も負いません。

● ソフトウェアに関する記述は、特に断りのないかぎり、2019年7月末日現在での最新バージョンをもとにしています。ソフトウェアはバージョンアップされる場合があり、本書での説明とは機能内容や画面図などが異なってしまうこともあり得ます。あらかじめご了承ください。

● インターネットの情報についてはURLや画面等が変更されている可能性があります。ご注意ください。

以上の注意事項をご承諾いただいた上で、本書をご利用願います。これらの注意事項をお読みいただかずに、お問い合わせいただいても、技術評論社は対処しかねます。あらかじめ、ご承知おきください。

■ 本書に掲載した会社名、プログラム名、システム名などは、米国およびその他の国における登録商標または商標です。本文中では™、®マークは明記していません。

第1章

PowerPointの基本

Section	
01	PowerPointとは？
02	PowerPoint 2019を起動・終了する
03	PowerPoint 2019の画面構成
04	PowerPoint 2019の表示モード
05	リボンの基本操作
06	操作を元に戻す・やり直す
07	プレゼンテーションを保存する
08	プレゼンテーションを開く・閉じる

Section 01　第1章・PowerPointの基本

PowerPointとは?

> マイクロソフトのPowerPointは、グラフや表、アニメーションなどを利用して、視覚に訴える効果的なプレゼンテーション資料を作成することができるアプリケーションです。

第1章 PowerPointの基本

1 プレゼンテーション用の資料を作成する

Keyword
プレゼンテーション

「プレゼンテーション」は、企画やアイデアなどの特定のテーマを、相手に伝達する手法のことです。一般的には、伝えたい情報に関する資料を提示し、それに合わせて口頭で発表します。

プレゼンテーションの構成を考える

標準表示モードにすると、サムネイルを確認しながらプレゼンテーションを作成できます。

視覚に訴える資料を作成する

図やグラフ、表などをかんたんに作成できます。

Keyword
PowerPoint

PowerPointは、プレゼンテーションの準備から発表までの作業を省力化し、相手に対して効果的なプレゼンテーションを行うためのアプリケーションです。

18

2 プレゼンテーションを実行する

プレゼンテーションで効果的に

Memo
動きのある プレゼンテーションに

PowerPointでは、画面を切り替えるときや、テキスト、グラフなどを表示させるときに、アニメーションの設定が可能です。動きのあるプレゼンテーションで、参加者の注意をひきつけることができます。

Memo
音楽や動画も再生できる

PowerPointでは、プレゼンテーション実行時に音楽や動画を再生することもできます。

Memo
プレゼンテーション実行の操作もかんたん

PowerPointでは、発表者用のツールを使って、かんたんに画面を切り替えたり、テキストを表示させたりすることができます。

第1章 PowerPointの基本

Section 02 第1章・PowerPointの基本

PowerPoint 2019を起動・終了する

PowerPoint 2019を**起動**するには、**スタートメニュー**を利用するか、**プレゼンテーションファイルのアイコンをダブルクリック**します。作業が終わったら、PowerPoint 2019を**終了**します。

1 PowerPoint 2019を起動する

Memo

ファイルアイコンから起動する

デスクトップやフォルダーのウィンドウに表示されているPowerPointで作成したファイルのアイコンをダブルクリックすると、PowerPoint 2019が起動し、そのファイルを開くことができます。

1 Windows 10を起動して、

2 <スタート>をクリックし、

3 <PowerPoint>をクリックすると、

StepUp

タスクバーから起動できるようにする

手順**3**で<PowerPoint>を右クリックして、<その他>をポイントし、<タスクバーにピン留めする>をクリックすると、タスクバーにPowerPoint 2019のアイコンが表示されます。以降、そのアイコンをクリックすることで、PowerPoint 2019を起動できます。

4 PowerPoint 2019が起動します。

5 <新しいプレゼンテーション>をクリックすると、

6 新規プレゼンテーションが作成されます。

Memo
ライセンス認証の手続きが必要

ライセンス認証の手続きを行っていない状態でPowerPoint 2019を起動すると、ライセンス認証の画面が表示されることがあります。その場合、画面の指示に従ってライセンス認証の手続きを行う必要があります。

2 PowerPoint 2019を終了する

1 <閉じる>をクリックすると、

2 PowerPoint 2019が終了します。

Hint
プレゼンテーションを保存していない場合

プレゼンテーションの作成や編集を行っていた場合に、ファイルを保存せずにPowerPoint 2019を終了しようとすると、確認のメッセージが表示されます。ファイルを保存する場合は<保存>、保存せずに終了する場合は<保存しない>、終了を取り消す場合は<キャンセル>をクリックします。

第1章 PowerPointの基本

21

Section 03 第1章・PowerPointの基本

PowerPoint 2019の画面構成

PowerPoint 2019の画面上部には、「リボン」が表示されています。また、左側にはスライドを切り替える「サムネイルウィンドウ」、中央にはスライドを編集する「スライドウィンドウ」が表示されます。

1 PowerPoint 2019の基本的な画面構成

PowerPoint 2019での基本的な作業は、下図の状態の画面で行います。ただし、作業によっては、タブが切り替わったり、必要なタブが新しく表示されたりします。

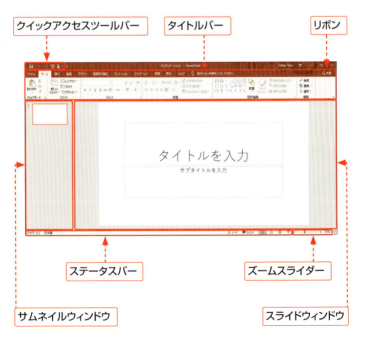

- クイックアクセスツールバー
- タイトルバー
- リボン
- ステータスバー
- ズームスライダー
- サムネイルウィンドウ
- スライドウィンドウ

名　称	機　能
クイックアクセスツールバー	よく使う機能を1クリックで利用できるボタンです。
リボン	PowerPoint 2003以前のメニューとツールボタンの代わりになる機能です。コマンドがタブによって分類されています。
タイトルバー	作業中のプレゼンテーションのファイル名が表示されます。
スライドウィンドウ	スライドを編集するための領域です。
サムネイルウィンドウ	すべてのスライドの縮小版（サムネイル）が表示される領域です。
ステータスバー	作業中のスライド番号や表示モードの変更ボタンが表示されます。
ズームスライダー	画面の表示倍率を変更できます。

2 スライドの表示を切り替える

1 目的のスライドをクリックすると、

2 クリックしたスライドがスライドウィンドウに表示されます。

Section 04　第1章・PowerPointの基本

PowerPoint 2019の表示モード

初期設定では、スライドウィンドウとサムネイルウィンドウが表示されている「標準表示モード」で表示されていますが、作業内容に応じて表示モードを切り替えることができます。

1 表示モードを切り替える

Keyword
標準表示モード

スライドウィンドウとスライドのサムネイルが表示されている状態を「標準表示モード」といいます。通常のスライドの編集は、この状態で行います。

初期設定では、標準表示モードで表示されます。

1 ＜表示＞タブをクリックして、

2 目的の表示モードをクリックすると、表示モードが切り替わります。

2 表示モードの種類

Keyword
アウトライン表示モード

「アウトライン表示モード」では、左側にすべてのスライドのテキストだけが表示されます。スライド全体の構成を参照しながら、編集することができます。

アウトライン表示モード

スライド一覧表示モード

Keyword

スライド一覧表示モード

「スライド一覧表示モード」では、プレゼンテーション全体の構成の確認や、スライドの移動が行えます。

ノート表示モード

Keyword

ノート表示モード

「ノート表示モード」では、発表者用のメモを確認・編集できます。

閲覧表示モード

Keyword

閲覧表示モード

「閲覧表示モード」では、スライドショーをウィンドウで表示できます。

Memo

ステータスバーから表示モードを切り替える

ウィンドウ右下のボタンをクリックしても、表示モードを切り替えることができます。

Section 05　第1章・PowerPointの基本

リボンの基本操作

「リボン」には、操作を行う「コマンド」がまとめられています。リボンの「タブ」をクリックすることで、表示を切り替えます。また、リボンを使いやすいようにカスタマイズすることもできます。

1 タブを切り替える

1 タブをクリックすると、

コマンド　　　グループ

2 リボンが切り替わります。

StepUp

リボンの表示を切り替える

スライドウィンドウをできるだけ大きく表示したい場合は、リボンを非表示にしたり、タブだけを表示したりすることができます。

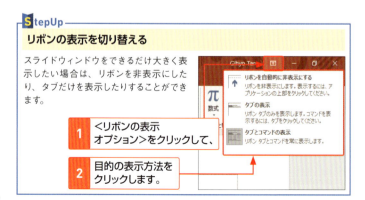

1 <リボンの表示オプション>をクリックして、

2 目的の表示方法をクリックします。

2 ダイアログボックスを表示する

1 文字列を選択して、

2 <ホーム>タブをクリックし、

3 <フォント>グループのここをクリックすると、

4 <フォント>ダイアログボックスが表示されます。

Memo ダイアログボックスの表示

リボンに表示されているコマンドでは行えない詳細な設定は、ダイアログボックスを利用します。おもなダイアログボックスは、各タブのグループ名の右下にあるダイアログボックス起動ツール🔲をクリックして表示することができます。なお、<ホーム>タブの<図形描画>グループのように、作業ウィンドウが表示されるものもあります。

3 リボンをカスタマイズする

<ホーム>タブに<クイック印刷>を追加

1 タブを右クリックして、

2 <リボンのユーザー設定>をクリックします。

Memo リボンのカスタマイズ

リボンには、新しいタブやグループを追加して、コマンドをユーザーの使いやすいように配置することができます。

第1章 PowerPointの基本

27

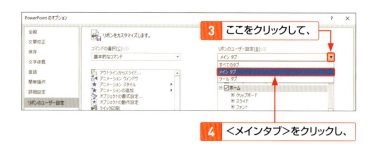

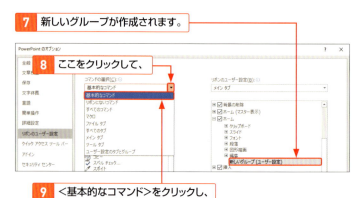

10 <クイック印刷>をクリックして、

11 <追加>をクリックすると、

12 コマンドが追加されます。

13 <OK>をクリックすると、

14 <ホーム>タブに新しいグループと<クイック印刷>が表示されます。

Section 06　第1章・PowerPointの基本

操作を元に戻す・やり直す

操作を誤ってしまい、元に戻したい場合は、クイックアクセスツールバーの＜元に戻す＞をクリックします。そのあと＜やり直し＞をクリックすると、取り消した操作をやり直すことができます。

1 操作を元に戻す・やり直す

Hint
複数の操作を元に戻すには？

クイックアクセスツールバーの＜元に戻す＞の▼をクリックし、表示される操作の履歴の一覧から取り消したい操作をクリックすると、複数の操作を元に戻すことができます。

1 フォントの色を変更し、

2 クイックアクセスツールバーの＜元に戻す＞をクリックすると、

StepUp
元に戻す操作の数を変更する

元に戻せる操作の最大数は、既定では20に設定されていますが、変更することも可能です。＜ファイル＞タブの＜オプション＞をクリックします。＜詳細設定＞をクリックして、＜元に戻す操作の最大数＞に数値を入力し、＜OK＞をクリックします。

3 フォントの色の変更が取り消され、元に戻ります。

4 <やり直し>をクリックすると、

5 元に戻した操作が再度実行され、フォントの色が変更されます。

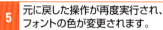

2 操作を繰り返す

1 フォントの色を変更し、

2 プレースホルダーをクリックして選択し、

3 クイックアクセスツールバーの<繰り返し>をクリックすると、

Hint

繰り返しができない?

表の挿入やSmartArtの挿入など、操作によっては、繰り返すことができません。

4 直前の操作が適用され、フォントの色が変わります。

Section 07　第1章・PowerPointの基本

プレゼンテーションを保存する

作成したプレゼンテーションを**ファイルとして保存**しておくと、あとから何度でも利用できます。また、PowerPoint 2003以前のバージョンの**ppt形式**で保存することも可能です。

1 名前を付けて保存する

1 ＜ファイル＞タブをクリックして、

2 ＜名前を付けて保存＞をクリックし、

3 ＜このPC＞をクリックして、

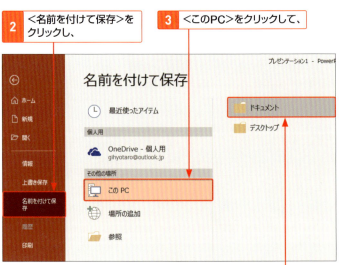

4 ＜ドキュメント＞をクリックします。

5 保存先のフォルダーを指定し、

6 ファイル名を入力して、

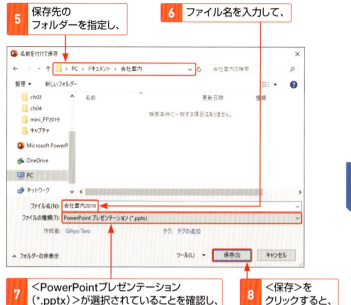

7 ＜PowerPointプレゼンテーション（*.pptx）＞が選択されていることを確認し、

8 ＜保存＞をクリックすると、

9 入力したファイル名で保存されます。

Memo

ファイルの拡張子

本書では、すべてのファイルの拡張子を表示する設定にしています（P.35の「StepUp」参照）。この場合、手順**7**と**9**で拡張子が表示されます。

Hint

上書き保存するには？

ファイルを上書き保存するには、クイックアクセスツールバーの＜上書き保存＞をクリックするか、＜ファイル＞タブをクリックして＜上書き保存＞をクリックします。

＜上書き保存＞をクリックします。

2 旧バージョンのppt形式で保存する

1 <名前を付けて保存>ダイアログボックスを表示して（P.32参照）、

2 保存先のフォルダーを指定し、

3 ファイル名を入力して、

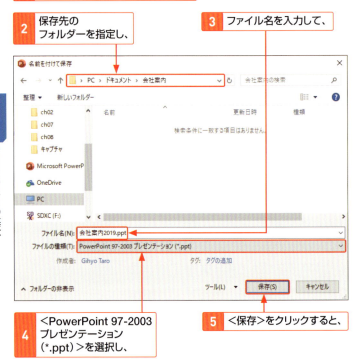

4 <PowerPoint 97-2003 プレゼンテーション (*.ppt)>を選択し、

5 <保存>をクリックすると、

6 ppt形式でファイルが保存されます。

Memo
互換モードで保存される

ppt形式で保存すると、一部の新機能が利用できない「互換モード」で保存されます。

Hint

互換性チェックが行われる

PowerPoint 2007以降の新機能のいくつかは、PowerPoint 97-2003形式で使用できません。そのため、PowerPoint 97-2003形式で保存しようとすると、互換性チェックが自動的に行われ、右のような画面が表示される場合があります。

1 PowerPoint 97-2003形式でサポートされない部分を確認し、

2 <続行>をクリックすると、ファイルが保存されます。

StepUp

ファイルの拡張子の表示

「拡張子」とは、ファイルの種類を識別するために、ファイル名のあとに付けられる文字列のことで、「.」(ピリオド)で区切られます。本書では、すべてのファイルの拡張子を表示する設定にしています。拡張子を表示する設定にしておくと、タイトルバーのファイル名のあとに、拡張子が表示されます。Windows 10で拡張子を表示するには、エクスプローラーの<表示>タブをクリックして、<ファイル名拡張子>をオンにします。

1 <表示>タブをクリックして、

2 <ファイル名拡張子>をオンにします。

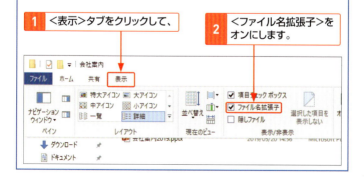

第1章 PowerPointの基本

Section 08　第1章・PowerPointの基本

プレゼンテーションを開く・閉じる

プレゼンテーションの編集を終えて別の作業を行う際は、**プレゼンテーションを閉じます**。**プレゼンテーションを開く**と、編集作業を再開できます。

1 プレゼンテーションを閉じる

Hint

保存しないで閉じると?

変更を加えたプレゼンテーションを保存しないで閉じようとすると、メッセージが表示されます。ファイルを保存する場合は＜保存＞を、保存しない場合は＜保存しない＞を、プレゼンテーションを閉じないで作業に戻る場合は＜キャンセル＞をクリックします。なお、まだ保存していない新規プレゼンテーションの場合、＜保存＞をクリックすると、＜名前を付けて保存＞ダイアログボックス（P.32〜33参照）が表示されます。

1 ＜ファイル＞タブをクリックして、

2 ＜閉じる＞をクリックすると、

3 プレゼンテーションが閉じます。

2 プレゼンテーションを開く

1 <ファイル>タブをクリックして、

2 <開く>をクリックし、　　**3** <参照>をクリックします。

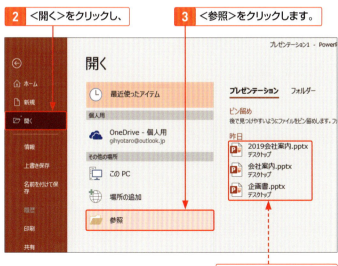

P.38下の「Memo」参照。

4 ファイルが保存されている
フォルダーを指定し、

5 目的のファイルを
クリックして、

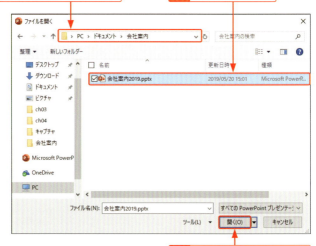

6 <開く>をクリックすると、

Memo

**エクスプローラー
から開く**

エクスプローラーで、プレゼンテーションファイルのアイコンをダブルクリックしても、ファイルを開くことができます。

7 プレゼンテーションが開きます。

Memo

履歴からプレゼンテーションを開く

起動直後の画面の<ホーム>下部には、最近使ったプレゼンテーションの履歴が表示されます。その中から目的のプレゼンテーションをクリックして開くこともできます。また、P.37の手順3で<最近使ったアイテム>をクリックしても、最近使ったプレゼンテーションが表示されます。

第2章

スライド作成の基本

Section	
09	スライド作成のワークフロー
10	新しいプレゼンテーションを作成する
11	タイトルを入力する
12	スライドを追加する
13	スライドの内容を入力する
14	スライドの順番を入れ替える
15	スライドを複製・削除する
16	テキストの書式を設定する
17	行頭文字を変更する
18	タブとインデントを利用する
19	テキストに段組みを設定する
20	すべてのスライドに日付や会社名を挿入する
21	スライドのデザインを変更する

Section 09 第2章・スライド作成の基本

スライド作成の
ワークフロー

このセクションでは、本書でのスライドを作成する流れを解説します。各スライドに**文字列を入力**したあと、**書式を設定**し、グラフや画像などの**オブジェクトを挿入**して、**アニメーション**を設定します。

1 スライドに文字列を入力する

Memo
スライドの追加と文字列の入力

プレゼンテーションを作成すると、「タイトルスライド」が1枚だけ挿入された状態で表示されます。タイトルスライドには、プレゼンテーションのタイトルとサブタイトルを入力します（Sec.11参照）。そのあと、スライドを追加し、各スライドのタイトルとテキストを入力します（Sec.12、13参照）。

タイトルスライドに、プレゼンテーションのタイトルとサブタイトルを入力します。

スライドを追加し、各スライドのタイトルとテキストを入力します。

2 書式を設定する

Memo
文字列の書式設定

文字列を入力したら、書式を設定します。目立たせたい部分はフォントの種類やサイズ、色を変更したり（Sec.16参照）、文字量の多い部分は段組みを設定したりします（Sec.19参照）。

段組みを設定して読みやすくするなど、書式を設定します。

3 グラフや画像などを挿入する

スライドには、さまざまな種類の
グラフをかんたんに挿入できます。

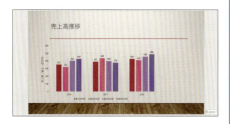

Memo

オブジェクトの挿入

図形による解説図や、画像、動画、表、グラフなどを挿入すると、より視覚に訴えたプレゼンテーションになります。第3章では図形、第4章では表やグラフ、第5章では画像や動画などのオブジェクトの挿入・編集方法について解説しています。

4 アニメーションを設定する

スライドが切り替わるときの
画面切り替え効果、テキストなどの
オブジェクトが表示されるときの
アニメーション効果を設定します。

Memo

アニメーションの設定

すべてのスライドが完成したら、アニメーションを設定します。次のスライドに切り替わるときの動きは、「画面切り替え効果」（Sec.40参照）を、テキストやグラフなどのオブジェクトの動きには「アニメーション効果」（Sec.41、42参照）を設定します。

第2章 スライド作成の基本

Section 10　第2章・スライド作成の基本

新しいプレゼンテーションを作成する

PowerPointの基本的な操作を覚えたら、プレゼンテーションを作成してみましょう。このセクションでは、**プレゼンテーションの新規作成とデザインの選択方法**について解説します。

1 テーマを選択する

Keyword

テーマ

「テーマ」は、スライドのデザインをかんたんに整えることのできる機能です。テーマはあとから変更することができます（P.70～71参照）。

1. PowerPointを起動して（P.20～21参照）、

2. テーマ（ここでは＜ギャラリー＞）をクリックします。

2 バリエーションを選択する

Keyword

バリエーション

テーマには、カラーや画像などのデザインが異なる「バリエーション」があります。バリエーションもあとから変更することができます（P.71参照）。

1. バリエーションをクリックして、

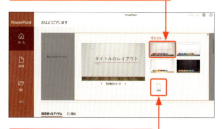

2. ＜作成＞をクリックすると、

3 新しいプレゼンテーションが作成されます。

Hint

起動後に新しく作成するには？

すでにPowerPointを起動している場合に新規プレゼンテーションを作成するには、＜ファイル＞タブをクリックして、＜新規＞をクリックし、テーマを選択します。P.42下の手順**1**の画面が表示されたら、バリエーションを選択し、＜作成＞をクリックします。

第2章 スライド作成の基本

Hint

スライドを縦向きにするには？

スライドを縦向きに変更するには、＜デザイン＞タブの＜スライドのサイズ＞をクリックし、＜ユーザー設定のスライドのサイズ＞をクリックします。右図が表示されるので、＜スライド＞の＜縦＞をクリックし、＜OK＞をクリックします。

Hint

スライドの縦横比を変更するには？

スライドは、標準ではワイド画面対応の16：9の縦横比で作成されます。スライドの縦横比を4：3に変更したい場合は、＜デザイン＞タブの＜スライドのサイズ＞をクリックし、＜標準（4：3）＞をクリックします。右のような図が表示された場合は、＜最大化＞または＜サイズに合わせて調整＞をクリックします。

43

Section 11 第2章・スライド作成の基本

タイトルを入力する

新規プレゼンテーションを作成すると（Sec.10参照）、タイトル用のタイトルスライドが1枚だけ挿入されています。まずはプレゼンテーションのタイトルとサブタイトルを入力します。

1 プレゼンテーションのタイトルを入力する

Memo
タイトルの入力

スライドタイトルには、プレゼンテーションのタイトルとサブタイトルを入力するためのプレースホルダーが用意されています。プレースホルダーをクリックすると、文字列を入力できます。

1. 新規プレゼンテーションを作成し（Sec.10参照）、

2. タイトル用のプレースホルダーの内側をクリックすると、

3. プレースホルダー内にカーソルが表示されるので、

Keyword
プレースホルダー

「プレースホルダー」とは、スライド上に配置されている、タイトルやテキスト（文字列）、グラフ、画像などを挿入するための枠のことです。

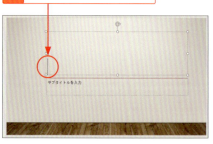

4 文字列を入力します。

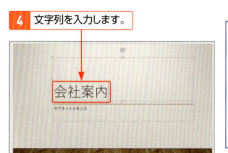

Hint
プレースホルダー内で改行するには?

文字数が多くなると、自動的に文字列が複数行になります。任意の位置で改行したい場合は、[Enter]を押して改行します。

2 サブタイトルを入力する

1 サブタイトル用のプレースホルダーの内側をクリックすると、

Hint
サブタイトルを入力しない場合は?

サブタイトルを入力しないなどの理由でプレースホルダーが不要な場合は、プレースホルダーの枠線をクリックして選択し、[Delete]を押してプレースホルダーを削除します。

2 プレースホルダー内にカーソルが表示されるので、

3 文字列を入力します。

Section 12 第2章・スライド作成の基本

スライドを追加する

タイトルスライドを作成したら、**新しいスライドを追加**します。スライドには、さまざまな**レイアウト**が用意されており、追加するときにレイアウトを選択したり、あとから変更したりできます。

1 新しいスライドを挿入する

Memo

レイアウトの種類

手順 3 で表示されるレイアウトの種類は、プレゼンテーションに設定しているテーマによって異なります。

1 サムネイルウィンドウで、スライドを追加したい位置の前にあるスライドをクリックし、

Keyword

コンテンツ

「コンテンツ」とは、スライドに配置するテキスト、表、グラフ、SmartArt、図、ビデオのことです。手順 4 でコンテンツを含むレイアウトを選択すると、コンテンツを挿入できるプレースホルダーがあらかじめ配置されているスライドが挿入されます。

2 <ホーム>タブをクリックして、

3 <新しいスライド>のここをクリックし、

4 目的のレイアウト（ここでは<2つのコンテンツ>）をクリックすると、

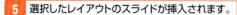
5 選択したレイアウトのスライドが挿入されます。

2 スライドのレイアウトを変更する

1 目的のスライドをクリックして、

2 <ホーム>タブをクリックし、

3 <レイアウト>をクリックして、

4 目的のレイアウト（ここでは<タイトルとコンテンツ>）をクリックすると、

5 レイアウトが変更されます。

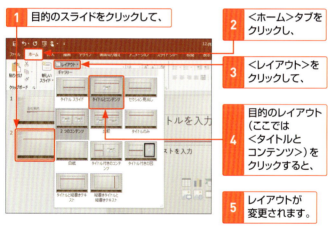

Section 13 第2章・スライド作成の基本

スライドの内容を入力する

スライドを追加したら、スライドにタイトルとテキストを入力します。ここでは、Sec.12で挿入した＜タイトルとコンテンツ＞のレイアウトのスライドに入力していきます。

1 スライドのタイトルを入力する

Memo
スライドのタイトルの入力

「タイトルを入力」と表示されているプレースホルダーには、そのスライドのタイトルを入力します。プレースホルダーをクリックすると、カーソルが表示されるので、文字列を入力します。

1 タイトル用のプレースホルダーの内側をクリックすると、

2 プレースホルダー内にカーソルが表示されるので、

3 スライドのタイトルを入力します。

2 スライドのテキストを入力する

1 文字列を入力し、 **2** Tabを押すと、

3 スペースができるので、 **4** 文字列を入力します。

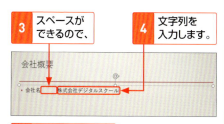

5 Enterを押すと、

6 段落が変わるので、

7 同様に文字列を入力し、

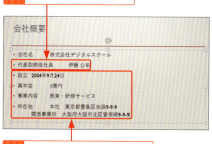

8 他のテキストも入力します。

Memo

テキストの入力

「テキストを入力」と表示されているプレースホルダーには、そのスライドの内容となるテキストを入力します。プレゼンテーションに設定されているテーマによっては、行頭に●や■などの箇条書きの行頭記号が付く場合があります。行頭記号の変更については、Sec.17で解説します。また、コンテンツ用のプレースホルダーには、表やグラフ、画像などを挿入することもできます。

Memo

タブの利用

Tabを押すと、スペースができます。手順3の画面のように、項目名と内容を同じ行に入力したい場合、タブを使ってスペースをつくり、タブの位置を調整することで、内容の左端を揃えることができます（Sec.18参照）。

Hint

段落を変えずに改行するには?

目的の位置にカーソルを移動して、Shiftを押しながらEnterを押すと、段落を変えずに改行することができます。

Section 14 第2章・スライド作成の基本

スライドの順番を入れ替える

スライドはあとから順番を入れ替えることができます。スライドの順序を変更するには、標準表示モードの左側のサムネイルウィンドウかスライド一覧表示モードを利用します。

1 サムネイルウィンドウでスライドの順序を変更する

Hint
複数のスライドを移動するには?

複数のスライドをまとめて移動するには、左側のサムネイルウィンドウで [Ctrl] を押しながら目的のスライドをクリックして選択し、目的の位置までドラッグします。

1 目的のスライドのサムネイルにマウスポインターを合わせ、

2 目的の位置までドラッグすると、

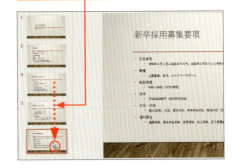

3 スライドの順序が変わります。

2 スライド一覧表示モードでスライドの順序を変更する

1 スライド一覧表示モードに切り替えて（P.25参照）、

2 目的のスライドにマウスポインターを合わせ、

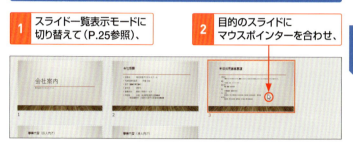

3 目的の位置までドラッグすると、

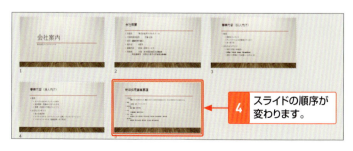

4 スライドの順序が変わります。

Section 15 第2章・スライド作成の基本

スライドを複製・削除する

似た内容のスライドを複数作成する場合は、スライドの複製を利用すると、効率的に作成できます。また、スライドが不要になった場合は、削除します。

1 プレゼンテーション内のスライドを複製する

Memo スライドの複製

同じプレゼンテーションのスライドをコピーしたい場合は、スライドの複製を利用します。なお、手順4で<複製>をクリックした場合は、手順4のあとすぐに新しいスライドが作成されるのに対し、<コピー>をクリックした場合は<貼り付け>をクリックするまでスライドが作成されません。

1 目的のスライドのサムネイルをクリックして選択し、

2 <ホーム>タブをクリックして、

3 <コピー>のここをクリックし、

Memo <新しいスライド>の利用

複製するスライドを選択し、<ホーム>(または<挿入>)タブの<新しいスライド>をクリックして、<選択したスライドの複製>をクリックしても、スライドを複製できます。

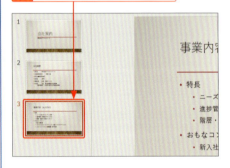

4 <複製>をクリックすると、

5 スライドが複製されます。

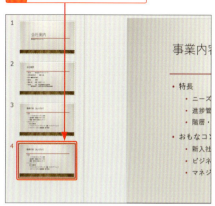

2 ほかのプレゼンテーションのスライドをコピーする

1 コピーするスライドの
サムネイルをクリックして選択し、

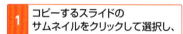

Memo

スライドのコピー

左の手順では、他のプレゼンテーションのスライドをコピーして貼り付けていますが、同じプレゼンテーションのスライドをコピーして貼り付けることもできます。

2 <ホーム>タブをクリックして、

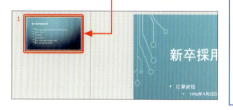

3 <コピー>をクリックします。

第2章 スライド作成の基本

Memo

貼り付け先の テーマが適用される

手順7で＜貼り付け＞のアイコン部分をクリックすると、貼り付けたスライドには、貼り付け先のテーマが適用されます。また、貼り付けたあとに表示される＜貼り付けのオプション＞ をクリックすると、貼り付けたスライドの書式を、＜貼り付け先のテーマを使用＞、＜元の書式を保持＞、＜図＞の3種類から選択できます。

4 貼り付け先の プレゼンテーションを開いて、

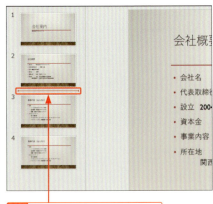

5 貼り付ける場所をクリックし、

6 ＜ホーム＞タブを クリックして、

7 ＜貼り付け＞の ここを クリックすると、

8 スライドが 貼り付けられます。

上の「Memo」参照。

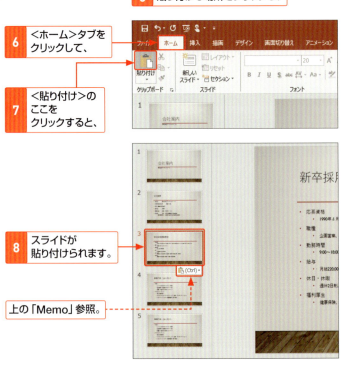

3 スライドを削除する

1 削除するスライドのサムネイルをクリックして選択し、

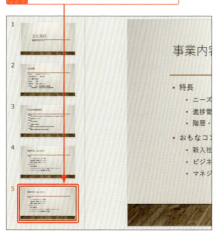

2 Delete を押すと、

3 スライドが削除されます。

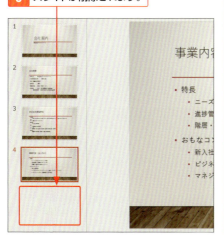

Memo

ショートカットメニューの利用

目的のスライドを右クリックして、＜スライドの削除＞をクリックしても、スライドを削除できます。

StepUp

複数のスライドを削除する

標準表示モードの左側のサムネイルウィンドウや、スライド一覧表示モードでは、複数のスライドを選択し、まとめて削除することができます。連続するスライドを選択するには、先頭のスライドをクリックして、 Shift を押しながら末尾のスライドをクリックします。離れた位置にある複数のスライドを選択するには、 Ctrl を押しながらスライドをクリックしていきます。

第2章 スライド作成の基本

Section 16 第2章・スライド作成の基本

テキストの書式を設定する

テキストは、**フォントの種類や文字のサイズ**を変更して、見やすくすることができます。また、**文字の色を変更**したり、**文字飾りを設定**したりして、強調したい部分を目立たせることもできます。

1 フォントを変更する

Memo
文字列の選択

手順❶のようにプレースホルダーを選択すると、プレースホルダー全体の文字列の書式を変更することができます。また、文字列をドラッグして選択すると、選択した文字列のみの書式を変更することができます。

1. プレースホルダーの枠線をクリックして選択し、

2. <ホーム>タブをクリックして、

3. <フォント>のここをクリックし、

Memo
フォントの種類はテーマによって異なる

あらかじめ見出しと本文に設定されているフォントの種類は、テーマによって異なります。

4. 目的のフォントをクリックすると、

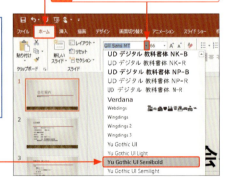

5. フォントが変更されます。

2 フォントサイズを変更する

1 プレースホルダーの枠線をクリックして選択し、

2 <ホーム>タブをクリックして、

3 <フォントサイズ>のここをクリックし、

4 目的のフォントサイズをクリックすると、

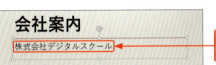

5 フォントサイズが変更されます。

Memo

フォントサイズの変更

<ホーム>タブの<フォントサイズ>では、8ポイントから96ポイントまでのサイズの中から選択できます。また、<フォントサイズ>のボックスに直接数値を入力し、Enterを押しても、フォントサイズを指定できます。

StepUp

プレゼンテーション全体の書式の変更

プレゼンテーションのすべてのスライドタイトルや本文のフォントの種類、フォントサイズを変更したい場合は、スライドを1枚1枚編集するのではなく、スライドマスターを変更します（P.74参照）。

StepUp

スタイルの設定

文字列の強調などを目的として、「太字」や「斜体」、「下線」などを設定することができますが、これは文字書式の一種で「スタイル」と呼ばれます。スタイルの設定は、<ホーム>タブの<太字>B、<斜体>I、<下線>U、<文字の影>S、<取り消し線>abcで行えます。

第2章 スライド作成の基本

3 フォントの色を変更する

Memo
フォントの色の変更

フォントの色は、＜ホーム＞タブの＜フォントの色＞▲の・をクリックして表示されるパネルで色を指定します。なお、文字列を選択して＜フォントの色＞▲の▲をクリックすると、直前に選択した色を繰り返し設定することができます。

1 プレースホルダーの枠線をクリックして選択し、

2 ＜ホーム＞タブをクリックして、

3 ＜フォントの色＞のここをクリックし、

4 目的の色をクリックすると、

5 フォントの色が変更されます。

Hint
そのほかのフォントの色を設定するには？

＜フォントの色＞の▲の・をクリックすると表示されるパネルには、スライドに設定されたテーマの配色と、標準の色10色だけが用意されています。そのほかの色を設定するには、手順4で＜その他の色＞をクリックして＜色の設定＞ダイアログボックス（右図参照）を表示し、目的の色を選択します。

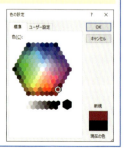

4 段落の配置を変更する

1 プレースホルダーの枠線をクリックして選択し、

2 <ホーム>タブをクリックして、

3 <右揃え>をクリックすると、

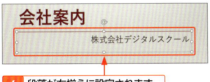

4 段落が右揃えに設定されます。

Memo
段落の配置の設定

段落の配置は、<ホーム>タブに用意されている<左揃え>、<中央揃え>、<右揃え>、<両端揃え>、<均等割り付け>を利用して、段落単位で設定できます。

StepUp
行の間隔の変更

行の間隔を変更するには、目的の段落をドラッグして選択し、<ホーム>タブの<行間>をクリックして、目的の数値をクリックします。

StepUp
<フォント>ダイアログボックスの利用

フォントの種類や文字のサイズなどの書式をまとめて設定するには、<ホーム>タブの<フォント>グループのダイアログボックス起動ツールをクリックして<フォント>ダイアログボックスを表示します。ここでは、下線のスタイルや色、上付き文字など、<ホーム>タブにない書式も設定することができます。

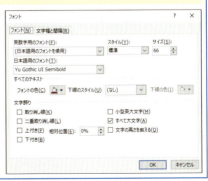

第2章 スライド作成の基本

Section 17　第2章・スライド作成の基本

行頭文字を変更する

「行頭文字」とは、箇条書きで段落の行頭に表示される文字や記号のことです。行頭文字の種類は、段落レベルごとにあらかじめ設定されていますが、あとから変更することができます。

1 行頭文字の種類を変更する

Memo
新規に行頭文字を設定する

行頭文字が設定されていない段落も、右の手順で、新規に行頭文字を設定できます。

Hint
行頭文字を非表示にするには?

行頭文字を非表示にするには、行頭文字が表示されている段落やプレースホルダーを選択し、<ホーム>タブの<箇条書き>の をクリックします。

1 目的の段落をドラッグして選択し、

2 Ctrlを押しながら離れた段落をドラッグして選択し、

3 <ホーム>タブの<箇条書き>のここをクリックして、

4 行頭文字をクリックすると、

5 行頭文字が変更されます。

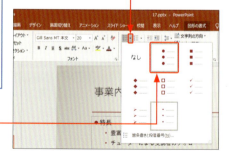

2 段落に連続した番号を振る

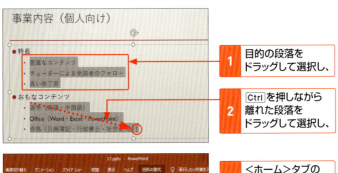

1. 目的の段落をドラッグして選択し、
2. Ctrlを押しながら離れた段落をドラッグして選択し、

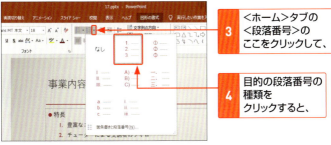

3. <ホーム>タブの<段落番号>のここをクリックして、
4. 目的の段落番号の種類をクリックすると、

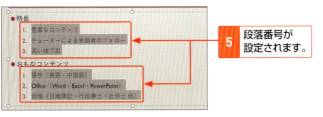

5. 段落番号が設定されます。

StepUp

行頭文字のサイズや色を変更する

行頭文字のサイズや色を変更するには、P.60の手順4で<箇条書きと段落番号>をクリックします。右図が表示されるので、行頭文字のサイズや色を設定できます。

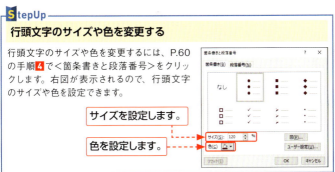

サイズを設定します。
色を設定します。

第2章 スライド作成の基本

61

Section 18 第2章・スライド作成の基本

タブとインデントを利用する

複数行の文字を同じ位置で揃える場合は、**タブ**を利用すると便利です。また、テキストを見やすくするために**段落の行頭を下げる**場合は、**インデント**を利用して段落の行頭の位置を変更します。

1 ルーラーを表示する

Keyword
ルーラー

「ルーラー」とは、スライドウィンドウの上側・左側に表示される目盛のことです。インデントの調整や、タブ位置の調整に利用します。ルーラーは、＜表示＞タブの＜ルーラー＞のオン/オフで、表示/非表示を切り替えることができます。

1 ＜表示＞タブをクリックして、

2 ＜ルーラー＞をオンにすると、

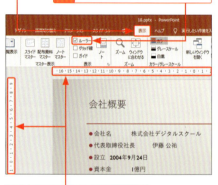

3 ルーラーが表示されます。

4 プレースホルダー内をクリックすると、

5 インデントマーカーが表示されます。

62

2 タブ位置を設定する

1 揃えたい位置で Tab を押してタブを入力し、

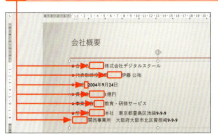

Hint

タブ位置を解除するには?

タブ位置を解除するには、タブマーカー L をルーラーの外側へドラッグします。

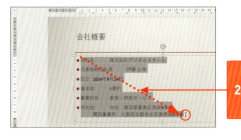

2 タブ位置を設定する段落をドラッグして選択し、

3 左揃えタブになっていることを確認して、

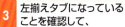

4 揃えたい位置でルーラーをクリックすると、

5 タブマーカーが表示され、

6 指定した位置で文字が揃えられます。

第2章 スライド作成の基本

63

Memo

タブとタブ位置

ルーラー上に「タブ位置」を設定すると、テキスト中に入力した「タブ」の後ろの文字列が、設定したタブ位置に揃えられます。あらかじめ既定のタブ位置が設定されていますが、P.63の手順に従うと、自由にタブ位置を指定することができます。なお、タブ位置を指定した場所には、タブマーカー┗が表示されます。

Memo

タブの種類

タブの種類は、左揃えタブ┗のほかに、中央揃えタブ、右揃えタブ、小数点揃えタブがあります。タブの種類は、ルーラーの左上をクリックして切り替えることができます(P.63の手順3参照)。

中央揃えタブ

```
部長     竹之内
課長      神田
```

右揃えタブ

```
Aタイプ  1,200円
Bタイプ    900円
```

小数点揃えタブ

```
小学生   48.23%
中学生   33.47%
高校生   18.3%
```

3 インデントを設定する

1 目的の段落をドラッグして選択し、

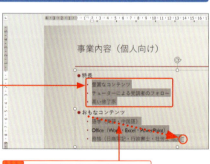

2 Ctrlを押しながら離れた段落をドラッグして選択し、

Keyword

インデント

「インデント」とは、段落の行頭と、文字列全体の左端を下げる機能のことです。インデントは段落ごとに適用されます。

3 このインデントマーカーをドラッグすると、

StepUp

段落レベルの設定

P.64の手順**1**で選択した段落には、テキストを階層構造にする「段落レベル」を設定しています。段落レベルを設定するには、目的の段落を選択し、＜ホーム＞タブの＜インデントを増やす＞または＜インデントを減らす＞をクリックします。

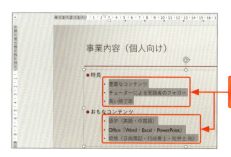

4 段落の左端が下がります。

Keyword

インデントマーカー

ルーラーを表示して、段落を選択すると、ルーラーにインデントマーカーが表示されます。インデントマーカーには次の3種類があり、ドラッグして位置を調整できます。

・1行目のインデント▽
テキストの1行目の位置（箇条書きまたは段落番号が設定されている場合は行頭記号または番号の位置）を示しています。

・ぶら下げインデント△
テキストの2行目の位置（箇条書きまたは段落番号が設定されている場合は1行目のテキストの位置）を示しています。

・左インデント□
1行目のインデントとぶら下げインデントの間隔を保持しながら、両方を調整できます。

Section 19　第2章・スライド作成の基本

テキストに段組みを設定する

テキストの行数が多い場合は、複数の**段組み**にすると見やすくなります。段組みを設定するには、＜段組み＞ダイアログボックスで**段数と間隔**を指定します。

1 テキストを2段組みにする

1 プレースホルダーの枠線をクリックして選択し、

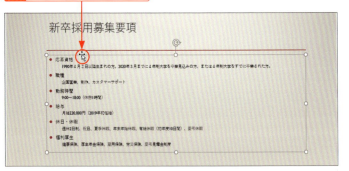

2 ＜ホーム＞タブの＜段の追加または削除＞をクリックして、

Memo

段組みの設定

手順**3**で＜2段組み＞または＜3段組み＞をクリックしても段組みを設定できますが、その場合、間隔を指定することはできません。

3 ＜段組みの詳細設定＞をクリックします。

7 段組みが設定されます。

Hint

段組みを元に戻すには？

複数の段組みを1段組みに戻すには、＜ホーム＞タブの＜段の追加または削除＞をクリックし、＜1段組み＞をクリックします。

Memo

＜自動調整オプション＞の利用

テキストの量が多く、プレースホルダーに収まらなくなると、既定ではフォントサイズが調整され、プレースホルダーの左下に＜自動調整オプション＞が表示されます。＜自動調整オプション＞をクリックして、＜スライドを2段組に変更する＞をクリックすると、テキストが2段組みに変更されます。

Section 20

第2章・スライド作成の基本

すべてのスライドに日付や会社名を挿入する

すべてのスライドに日付や会社名、スライドの通し番号を挿入したい場合は、<ヘッダーとフッター>ダイアログボックスを利用します。日付は、自動更新または固定を選択できます。

1 フッターを挿入する

1. <挿入>タブをクリックして、
2. <ヘッダーとフッター>をクリックします。

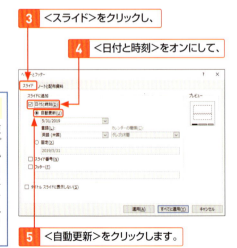

3. <スライド>をクリックし、
4. <日付と時刻>をオンにして、
5. <自動更新>をクリックします。

Memo

日付と時刻の挿入

手順5の画面で<自動更新>をクリックすると、プレゼンテーションを開いた際に、日付や時刻が自動的に更新されるようになります。また、<固定>をクリックして、日付を入力すると、特定の日付を挿入できます。

6 言語とカレンダーの種類を選択して、

7 ここをクリックし、

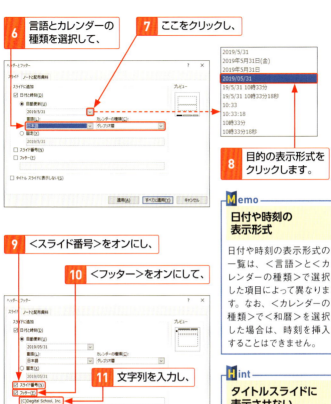

8 目的の表示形式をクリックします。

9 <スライド番号>をオンにし、

10 <フッター>をオンにして、

11 文字列を入力し、

12 <すべてに適用>をクリックすると、

Memo
日付や時刻の表示形式

日付や時刻の表示形式の一覧は、<言語>と<カレンダーの種類>で選択した項目によって異なります。なお、<カレンダーの種類>で<和暦>を選択した場合は、時刻を挿入することはできません。

Hint
タイトルスライドに表示させない

フッターをタイトルスライドに表示させないようにするには、手順9の画面で<タイトルスライドに表示しない>をオンにします。

13 すべてのスライドに、日付とスライド番号、フッターが表示されます。

Section 21　第2章・スライド作成の基本

スライドのデザインを変更する

プレゼンテーションに設定されている**テーマ**を変更すると、**スライドのデザインが変更**され、プレゼンテーションのイメージを一新することができます。

1 テーマを変更する

Hint
白紙のテーマを適用するには？

画像などが使用されていない白紙のテーマを適用したい場合は、手順3で＜Officeテーマ＞をクリックします。

1 ＜デザイン＞タブをクリックして、

2 ＜テーマ＞グループのここをクリックし、

Memo
特定のスライドのみテーマを変える

選択しているスライドのみのテーマを変更するには、手順3の画面で目的のテーマを右クリックし、＜選択したスライドに適用＞をクリックします。

3 目的のテーマをクリックすると、

第2章　スライド作成の基本

70

4 テーマが変更されます。

Memo

配色が変更される

テーマを変更すると、プレゼンテーションの配色も変更され、スライド上のテキストや図形の色が変更されます。ただし、テーマにあらかじめ設定されている配色以外の色を設定しているテキストや図形の色は変更されません。

Hint

バリエーションを変更するには？

各テーマには、背景の画像や配色などが異なる「バリエーション」が用意されています。すべてのスライドのバリエーションを変更するには、＜デザイン＞タブの＜バリエーション＞グループから、目的のバリエーションをクリックします。また、選択しているスライドのみのバリエーションを変更する場合は、＜デザイン＞タブの＜バリエーション＞グループで目的のバリエーションを右クリックし、＜選択したスライドに適用＞をクリックします。

1 ＜デザイン＞タブをクリックして、

2 目的のバリエーションをクリックします。

2 配色を変更する

1 ＜デザイン＞タブをクリックして、

2 ＜バリエーション＞グループのここをクリックし、

3 ＜配色＞をポイントして、

4 目的の配色パターンをクリックすると、

5 配色が変更されます。

Hint

効果やフォントを変更するには？

配色と同様、図形などの効果やフォントパターンも、まとめて変更することができます。その場合は、手順**3**の画面で＜効果＞または＜フォント＞をポイントし、目的の効果やフォントパターンをクリックします。

配色パターンを自分で作成するには？

配色パターンは、自分で自由に色を組み合わせてオリジナルのものを作成することができます。その場合は、P.72 手順3のあと、＜色のカスタマイズ＞をクリックすると、右図が表示されるので、色を設定して、配色パターンの名前を入力し、＜保存＞をクリックします。

1 クリックして色を設定し、

2 配色パターンの名前を入力して、

3 ＜保存＞をクリックします。

背景のスタイルを変更するには？

P.72 手順3の画面で、＜背景のスタイル＞をポイントすると、背景の色やグラデーションなどを変更することができます（下図参照）。背景のスタイルの一覧に、目的の背景のスタイルがない場合は、＜背景の書式設定＞をクリックします。＜背景の書式設定＞作業ウィンドウが表示されるので、塗りつぶしの色やグラデーションの色、画像などを設定することができます。

1 ＜背景のスタイル＞をポイントして、

2 目的の背景をクリックします。

StepUp

スライドマスターでプレゼンテーション全体の書式を変更する

「スライドマスター」とは、プレースホルダーの位置やサイズ、フォントなど、プレゼンテーション全体の書式を設定するテンプレート(ひな形)のことです。スライドマスターを変更すると、すべてのスライドに変更が反映されます。スライドマスターを表示するには、<表示>タブの<スライドマスター>をクリックします。

1 スライドマスターを表示して、<スライドマスター>をクリックし、

2 スライドタイトルの書式を変更して、

3 <スライドマスター>タブの<マスター表示を閉じる>をクリックすると、

4 スライドの編集画面に戻り、書式が変更されていることを確認できます。

第3章

図形の作成

Section		
	22	線や図形を描く
	23	図形を編集する
	24	図形の色を変更する
	25	図形に文字列を入力する
	26	複数の図形を操作する
	27	SmartArtで図を作成する
	28	SmartArtのスタイルを変更する
	29	テキストをSmartArtに変更する

Section 22 第3章・図形の作成

線や図形を描く

図形描画機能を利用すると、**四角形や線などの基本的な図形**だけでなく、**星や吹き出しなどの複雑な図形**をかんたんに描くことができます。＜ホーム＞タブまたは＜挿入＞タブを利用します。

1 図形を描く

1 ＜挿入＞タブをクリックして、

2 ＜図形＞をクリックし、

Memo 図形の作成

図形は、＜ホーム＞タブの＜図形描画＞グループからも、同様の手順で作成できます。なお、作成される図形の塗りつぶしや枠線の色は、プレゼンテーションに設定しているテーマやバリエーションによって異なります。

3 目的の図形（ここでは＜正方形/長方形＞）をクリックして、

4 スライド上をドラッグすると、

Hint 正方形や正円を描くには？

スライド上を Shift を押しながらドラッグすると、縦横の比率を変えずに、目的の大きさで図形を作成できます。

5 選択した図形が、目的の大きさで作成されます。

2 直線を描く

1 <挿入>タブをクリックして、
2 <図形>をクリックし、

3 <線>をクリックして、

Memo — 直線の描画

直線を描く際、[Shift]を押しながらドラッグすると、水平・垂直・45度の直線を描くことができます。

Hint — 矢印を描くには?

手順3で<線矢印>、<線矢印:双方向>をクリックすると、矢印を描くことができます。

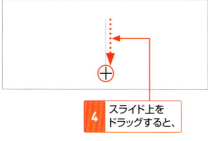

4 スライド上をドラッグすると、

Hint — 図形を削除するには?

図形を削除するには、図形をクリックして選択し、[Delete]または[BackSpace]を押します。

5 直線が描けます。

StepUp — 同じ図形を続けて作成するには?

手順3で目的の図形を右クリックして、<描画モードのロック>をクリックすると、同じ図形を続けて作成することができます。図形の作成が終わったら、[Esc]を押すと、マウスポインターが元の形に戻り、連続作成が解除されます。

3 曲線を描く

1. <挿入>タブをクリックして、
2. <図形>をクリックし、
3. <曲線>をクリックします。

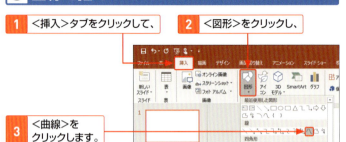

4. 始点をクリックして、
5. 曲げる位置でクリックし、
6. 終点でダブルクリックすると、
7. 曲線が描けます。

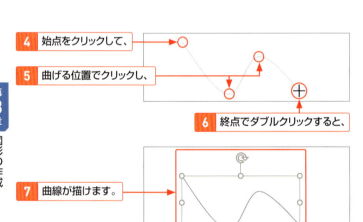

StepUp

図形の線の太さや色を変更する

<図形の書式>タブの<図形の枠線>を利用すると、図形の線の太さや色、スタイルを変更することができます。

1. <図形の書式>タブの<図形の枠線>をクリックして、
2. <太さ>をポイントし、
3. 目的の太さをクリックすると、図形の線の太さが変更されます。

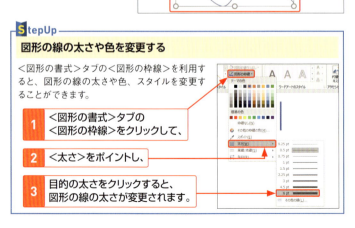

4 2つの図形を連結する

1 2つの図形を作成しておきます。

Memo

図形をコネクタで結合する

「コネクタ」とは、複数の図形を結合する線のことです。これを利用して「フローチャート」などを作成することができます。コネクタで結合された2つの図形は、どちらか一方を移動しても、コネクタが伸び縮みして、結合部分は切り離されません。

2 <挿入>タブをクリックして、

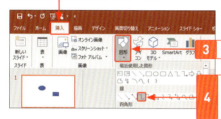

3 <図形>をクリックし、

4 コネクタの種類(ここでは<コネクタ:カギ線>)をクリックします。

5 マウスポインターを図形に近づけると、結合点が表示されるので、マウスポインターを合わせてドラッグし、

6 もう1つの図形にマウスポインターを移動し、結合点でドロップすると、

Memo

結合点の表示

コネクタの種類を選択したあとで、マウスポインターを図形に近づけると、コネクタで連結できる位置に、結合点が表示されます。

7 2つの図形がコネクタで結合されます。

第3章 図形の作成

Section 23　第3章・図形の作成

図形を編集する

作成した図形は、**ドラッグして移動・コピー**できます。また、図形を選択すると、周囲にさまざまな**ハンドル**が表示されるので、ドラッグして**大きさや形を変更**したり、**回転**したりすることができます。

1 図形を移動する

1 マウスポインターを図形に合わせると、形が に変わるので、

2 目的の位置までドラッグすると、

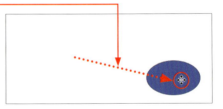

Memo　図形の移動

Shift を押しながらドラッグすると、図形を水平・垂直方向に移動できます。右の手順のほかに、図形を選択して、←→↑↓を押しても図形を移動することができます。

3 図形が移動します。

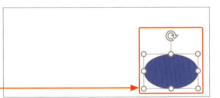

Memo　コマンドの利用

図形を選択して<ホーム>タブの<切り取り>をクリックし、<貼り付け>の をクリックしても、図形を移動することができます。貼り付ける前に移動先のスライドを選択すると、選択したスライドに図形が移動します。

2 図形をコピーする

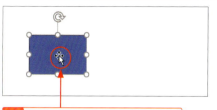

1 マウスポインターを図形に合わせると、形が ⇲ に変わるので、

Memo 図形のコピー

[Shift]と[Ctrl]を同時に押しながらドラッグすると、水平・垂直方向に図形のコピーを作成することができます。

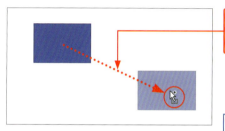

2 [Ctrl]を押しながら目的の位置までドラッグすると、

Memo コマンドの利用

図形を選択して<ホーム>タブの<コピー>をクリックし、<貼り付け>の 🖼 をクリックしても、図形をコピーすることができます。貼り付ける前に移動先のスライドを選択すると、選択したスライドに図形がコピーされます。

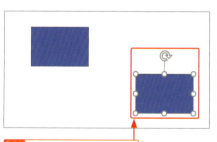

3 コピーが作成されます。

Memo コピーした図形がクリップボードに保管される

「クリップボード」とは、切り取った、またはコピーしたデータが一時的に保管される場所のことです。クリップボードは、Windowsの機能の1つで、文字列など、データの種類によっては異なるアプリケーションに貼り付けることもできます。コマンドを利用して切り取った、またはコピーした図形は、クリップボードに保管されるので、ほかのデータを切り取ったり、コピーしたりしない限り、PowerPointを終了するまで、何度でも貼り付けることができます。

3 図形の大きさを変更する

Memo
図形の大きさの変更
図形をクリックして選択すると周りに表示される白いハンドル○にマウスポインターを合わせると、マウスポインターの形が⇔に変わります。この状態でドラッグすると、図形のサイズを変更することができます。

1 図形をクリックして選択し、

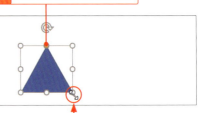

2 マウスポインターを白いハンドルに合わせると、形が⇖に変わるので、

Hint
縦横比を変えずに大きさを変更するには？
Shift を押しながら四隅の白いハンドル○をドラッグすると、縦横比を変えずに図形の大きさを変更することができます。

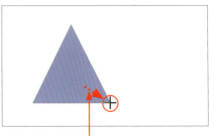

3 ドラッグすると、

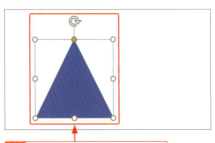

4 図形の大きさが変更されます。

StepUp
サイズを指定して図形の大きさを変更する
サイズを指定して図形の大きさを変更する場合は、図形を選択し、＜図形の書式＞タブの＜サイズ＞グループにある＜図形の高さ＞と＜図形の幅＞に、それぞれ数値を入力します。

4 図形の形状を変更する

1 図形をクリックして選択し、

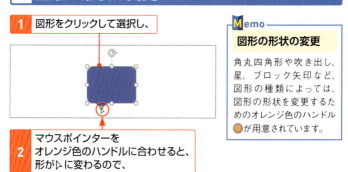

2 マウスポインターを
オレンジ色のハンドルに合わせると、
形が▷に変わるので、

Memo
図形の形状の変更

角丸四角形や吹き出し、星、ブロック矢印など、図形の種類によっては、図形の形状を変更するためのオレンジ色のハンドル●が用意されています。

3 ドラッグすると、

4 図形の形状が変更されます。

5 図形を回転する

1 図形をクリックして選択し、

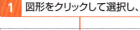

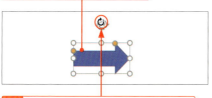

2 マウスポインターを矢印のハンドルに合わせると、形が↻に変わるので、

第3章 図形の作成

83

Memo

ドラッグして図形を回転する

図形を回転させるには、矢印のハンドルにマウスポインターを合わせてドラッグします。図形は、図形の中心を基準に回転します。また、Shiftを押しながら矢印のハンドル↻をドラッグすると、15度ずつ回転させることができます。

3 ドラッグすると、

4 図形が回転します。

6 図形を反転する

Memo

図形の反転

図形を選択して、＜図形の書式＞タブの＜回転＞をクリックし、＜上下反転＞をクリックすると上下に、＜左右反転＞をクリックすると左右に、それぞれ反転できます。

1 図形をクリックして選択し、

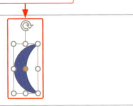

2 ＜図形の書式＞タブをクリックして、

3 ＜回転＞をクリックし、

4 ＜左右反転＞をクリックすると、

5 図形が左右に反転します。

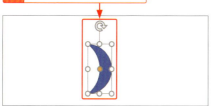

StepUp

図形の種類の変更

作成した図形は、楕円から四角形といったように、あとから種類を変更することができます。図形の種類を変更するには、右の手順に従います。

1 図形をクリックして選択し、

2 ＜図形の書式＞タブの＜図形の編集＞をクリックして、

3 ＜図形の変更＞をポイントし、

4 目的の図形(ここでは＜楕円＞)をクリックすると、

5 図形の種類が変更されます。

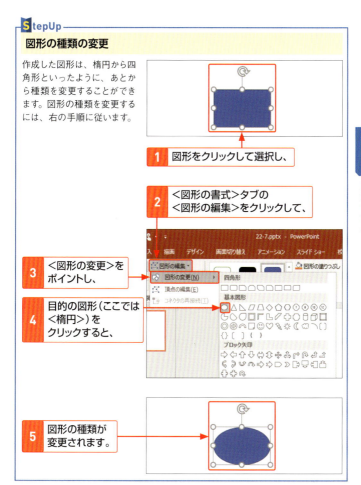

第3章 図形の作成

Section 24 第3章・図形の作成

図形の色を変更する

図形の塗りつぶしと枠線は、それぞれ自由に色を設定することができます。また、あらかじめ用意されているスタイルを設定したり、面取りや3-D回転などの効果を適用したりすることもできます。

1 図形の塗りつぶしの色を変更する

Hint

線の色を変更するには?

直線や曲線、図形の枠線の色を変更するには、＜図形の書式＞タブの＜図形の枠線＞をクリックすると表示されるパレットから、目的の色をクリックします。

1 図形をクリックして選択し、

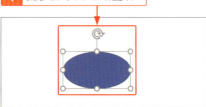

2 ＜図形の書式＞タブをクリックして、

3 ＜図形の塗りつぶし＞をクリックし、

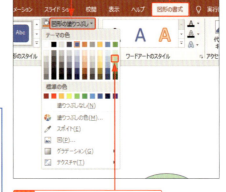

Hint

図形を透明にするには?

図形の塗りつぶしの色を透明にするには、手順 **4** で＜塗りつぶしなし＞をクリックします。

4 目的の色をクリックすると、

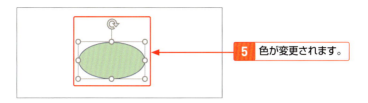

5 色が変更されます。

Memo

グラデーションやテクスチャの設定

図形には、グラデーションやテクスチャを設定することができます。＜図形の書式＞タブの＜図形の塗りつぶし＞をクリックし、＜グラデーション＞または＜テクスチャ＞をポイントして、グラデーションやテクスチャの種類をクリックします。

グラデーション	テクスチャ（木目）

StepUp

線の種類を変更するには?

直線や曲線、図形の枠線の種類を、破線などに変更したい場合は、＜図形の書式＞タブの＜図形の枠線＞をクリックして、＜実線/点線＞をポイントすると表示される一覧から、目的の線の種類をクリックします。＜その他の線＞をクリックすると、右図の＜図形の書式設定＞作業ウィンドウが表示されるので、詳細な設定を行うことができます。

第3章 図形の作成

2 図形にスタイルを設定する

Memo
図形のスタイルの設定

「スタイル」とは、図形の色や、枠線の色などの書式が、あらかじめ組み合わされたもので、図形をかんたんにデザインできます。

1 図形をクリックして選択し、

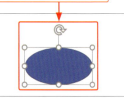

2 ＜図形の書式＞タブをクリックして、

3 ＜図形のスタイル＞グループのここをクリックし、

4 目的のスタイルをクリックすると、

5 スタイルが設定されます。

3 図形に効果を設定する

1 図形をクリックして選択し、

2 <図形の書式>タブをクリックして、

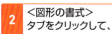

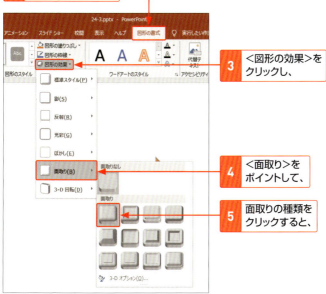

3 <図形の効果>をクリックし、

4 <面取り>をポイントして、

5 面取りの種類をクリックすると、

6 面取りが設定されます。

Section 25 第3章・図形の作成

図形に文字列を入力する

四角形やブロック矢印、吹き出しなどの図形には、文字列を入力することができます。また、テキストボックスを利用すると、スライド上の自由な位置に、文字列を配置することができます。

1 作成した図形に文字列を入力する

1 図形をクリックして選択し、

Hint
文字列の書式を設定するには？

文字の色やサイズ、文字飾りなどの書式は、Sec.16と同様の手順で設定できます。

2 文字列を入力します。

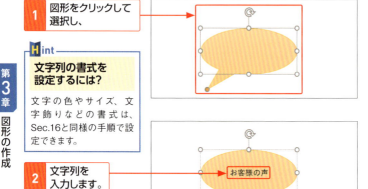

2 テキストボックスを作成して文字列を入力する

1 <挿入>タブをクリックして、

2 <テキストボックス>をクリックし、

3 <横書きテキストボックスの描画>をクリックします。

4 スライド上をクリックすると、

5 テキストボックスが作成されるので、

> **Memo**
> **テキストボックスの作成**
>
> プレースホルダーとは関係なく、スライドに文字列を追加したい場合は、テキストボックスを利用します。テキストボックスは、テキスト入力用に書式が設定された図形です。

6 文字列を入力します。

StepUp

テキストボックスの書式の変更

テキストボックス内の余白や、文字列の垂直方向の配置などを設定するには、テキストボックスを選択し、＜図形の書式＞タブの＜図形のスタイル＞グループのダイアログボックス起動ツール をクリックします。＜図形の書式設定＞作業ウィンドウが表示されるので、＜文字のオプション＞をクリックして、＜テキストボックス＞ をクリックし、目的の項目を設定します。

1 ＜文字のオプション＞をクリックして、

2 ＜テキストボックス＞をクリックし、

3 書式を設定します。

第3章 図形の作成

Section 26　第3章・図形の作成

複数の図形を操作する

複数の図形を利用する場合、**重なり合った図形の順序を変更**したり、**等間隔に配置**したりするなどの操作が可能です。また、複数の図形を**グループ化**すると、移動などをかんたんに行えます。

1 重なり合った図形の順序を変更する

Memo

図形の順序の変更

図形は、新しく描かれたものほど前面に表示されます。重なった図形の順序を変更したい場合は、右の手順に従います。右の手順では、図形を最背面に移動していますが、＜背面へ移動＞をクリックすると、図形が1段階後ろに移動します。また、＜前面へ移動＞をクリックすると、図形が1段階前に移動します。

1 図形をクリックして選択し、

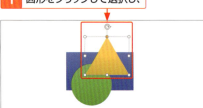

2 ＜図形の書式＞タブをクリックして、

3 ＜背面へ移動＞のここをクリックして、

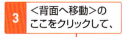

4 ＜最背面へ移動＞をクリックすると、

5 選択した図形が最背面に移動します。

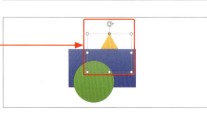

2 複数の図形を等間隔に配置する

1 図形にマウスポインターを合わせ、

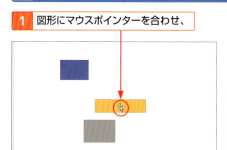

Memo
コマンドの利用

等間隔に配置するすべての図形を選択し、＜図形の書式＞タブの＜配置＞をクリックして、＜左右に整列＞または＜上下に整列＞をクリックしても、図形を等間隔に揃えることができます。

2 図形の間隔が同じになるようにドラッグすると、

3 等間隔であることを示すスマートガイドが表示されます。

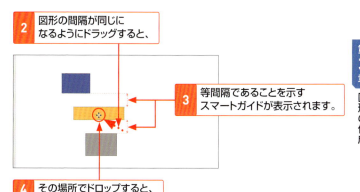

4 その場所でドロップすると、

5 図形が等間隔で配置されます。

Hint
複数の図形を整列させるには？

複数の図形の端や中央を揃えて整列させたい場合は、揃える図形をすべて選択し、＜図形の書式＞タブの＜配置＞をクリックして、＜左揃え＞＜左右中央揃え＞＜右揃え＞＜上揃え＞＜上下中央揃え＞＜下揃え＞のいずれかをクリックします。

3 複数の図形をグループ化する

1 複数の図形を囲むようにドラッグすると、

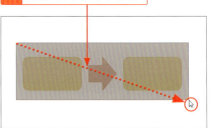

Memo 複数の図形の選択

複数の図形を選択するには、右図のように複数の図形の全体を囲むようにドラッグします。図形の一部を囲むようにドラッグしても、すべての図形は選択されません。また、Shift または Ctrl を押しながら図形をクリックしても、複数の図形を選択できます。

2 複数の図形が選択されます。

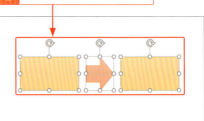

Memo 図形のグループ化

複数の図形の大きさを一括して変更したり、まとめて移動させたりしたい場合は、複数の図形をグループ化して1つの図形のように扱います。

3 <図形の書式>タブをクリックして、

4 <グループ化>をクリックし、

Hint グループ化を解除するには？

グループ化を解除するには、図形をクリックして選択し、<図形の書式>タブの<グループ化>をクリックして、<グループ解除>をクリックします。

5 <グループ化>をクリックすると、

6 選択した図形がグループ化されます。

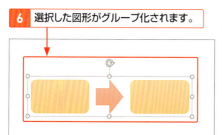

Memo

<ホーム>タブの利用

図形のグループ化は、<ホーム>タブの<配置>からも行うことができます。

Hint

<選択>ウィンドウの利用

<ホーム>タブの<選択>をクリックして、<オブジェクトの選択と表示>をクリックすると、<選択>ウィンドウが表示されます。スライド上のオブジェクトが一覧で表示されるので、目的のオブジェクトをクリックして選択できます。背後に隠れて見えない図形を選択するときなどに便利です。

StepUp

図形の結合

<図形の書式>タブの<図形の結合>を利用すると、複数の図形を接合したり、型抜きしたりすることができます。<図形の結合>からは、下の5つの項目を選択できます。

元の図形	接合	型抜き/合成
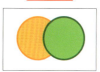		

切り出し	重なり抽出	単純型抜き
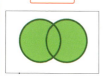		

第3章 図形の作成

Section 27　第3章・図形の作成

SmartArtで図を作成する

「SmartArt」を利用すると、あらかじめ用意されたテンプレートを利用して、**デザインされたワークフローや階層構造、マトリックスなどを示す図**をすばやく作成することができます。

1 SmartArtを挿入する

1 SmartArtを挿入するスライドを表示して、

2 プレースホルダーの＜SmartArtグラフィックの挿入＞をクリックし、

3 カテゴリ（ここでは＜手順＞）をクリックして、

4 目的のレイアウト（ここでは＜強調ステップ＞）をクリックし、

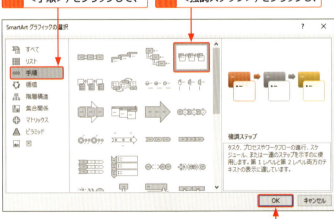

5 ＜OK＞をクリックすると、

6 SmartArtが挿入されます。

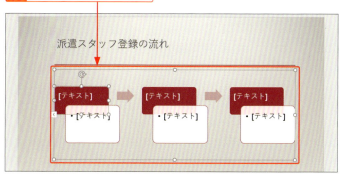

2 SmartArtに文字列を入力する

1 文字列を入力する図形をクリックして選択し、

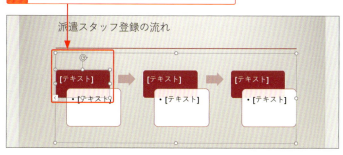

Memo
テーマによって色が異なる

挿入されたSmartArtの色は、プレゼンテーションに設定されているテーマやバリエーション（Sec.21参照）によって異なります。SmartArtの色は、あとから変更することができます（Sec.28参照）。

Hint
SmartArtのレイアウトを変更するには？

SmartArtのレイアウトをあとから変更するには、SmartArtをクリックして選択し、＜SmartArtのデザイン＞タブの＜レイアウト＞グループで目的のレイアウトをクリックします。＜その他のレイアウト＞をクリックすると、P.96手順**3**の画面が表示されるので、目的のレイアウトをクリックします。

2 文字列を入力します。

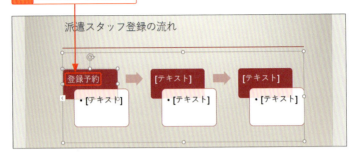

3 ほかの図形も同様に文字列を入力します。

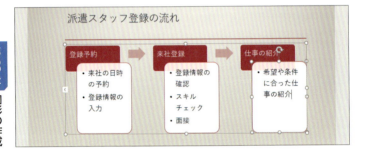

3 図形を追加する

Keyword

レベル

SmartArtのレイアウトによっては、階層構造を示す「レベル」が図形に設定されています。

1 図形を追加する部分をクリックして選択し、

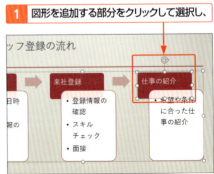

2 <SmartArtのデザイン>タブの<図形の追加>のここをクリックして、

3 <後に図形を追加>をクリックすると、

Memo
同じレベルの図形の追加

SmartArtに同じレベルの図形を追加するには、図形をクリックして選択し、<SmartArtのデザイン>タブの<図形の追加>の▼をクリックし、<後に図形を追加>または<前に図形を追加>をクリックします。

4 選択した図形の右側に、同じレベルの図形が追加されます。

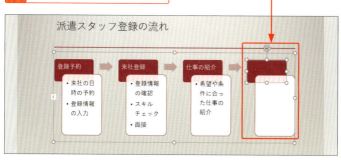

第3章 図形の作成

Hint
レベルの異なる図形を追加するには?

レベルの異なる図形を追加するには、図形をクリックして選択し、<SmartArtのデザイン>タブの<図形の追加>の▼をクリックし、<上に図形を追加>または<下に図形を追加>をクリックします。

Hint
図形のレベルを変更するには?

図形のレベルを変更するには、図形をクリックして選択し、<SmartArtのデザイン>タブの<レベル上げ>または<レベル下げ>をクリックします。

99

Section 28　第3章・図形の作成

SmartArtのスタイルを変更する

＜SmartArtのデザイン＞タブには、SmartArtのスタイルやカラーバリエーションが豊富に用意されており、すばやく3-D効果を設定したり、デザインを変えたりすることができます。

1 SmartArtのスタイルを変更する

1 SmartArtをクリックして選択し、

2 ＜SmartArtのデザイン＞タブをクリックして、

3 ＜SmartArtのスタイル＞グループのここをクリックし、

4 目的のスタイル（ここでは、<パウダー>）をクリックすると、

5 スタイルが変更されます。

第3章 図形の作成

Hint

色を変更するには？

SmartArt全体の色を変更するには、<SmartArtのデザイン>タブの<色の変更>から、目的の色をクリックします。一覧に表示される色は、プレゼンテーションに設定されているテーマやバリエーション（Sec.21参照）によって異なります。

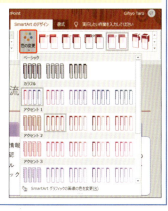

Section 29　第3章・図形の作成

テキストをSmartArtに変更する

入力済みのテキストは、＜ホーム＞タブの＜SmartArtに変換＞を利用すると、レイアウトを選択するだけで、SmartArtに変換することができます。

1 テキストをSmartArtに変換する

Hint

SmartArtをテキストに変換するには?

SmartArtをテキストに変換するには、SmartArtを選択して、＜SmartArtのデザイン＞タブの＜変換＞をクリックし、＜テキストに変換＞をクリックします。

1 プレースホルダーをクリックして選択し、

2 ＜ホーム＞タブの＜SmartArtに変換＞をクリックして、

3 目的のレイアウト（ここでは、＜基本ステップ＞）をクリックすると、

4 SmartArtに変換されます。

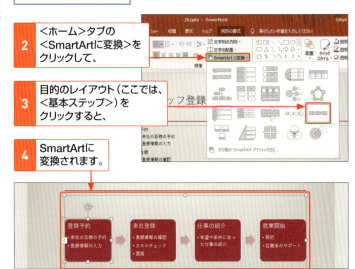

102

第4章

表やグラフの作成

ction		
	30	表を作成する
	31	表を編集する
	32	グラフを作成する
	33	グラフを編集する
	34	グラフのデザインを変更する
	35	Excelから表やグラフを挿入する

Section 30 第4章・表やグラフの作成

表を作成する

表を作成するには、<表の挿入>ダイアログボックスで**列数と行数を指定**し、表の枠組みを作成します。表のセルをクリックすると、文字列を入力できるようになるので、入力します。

1 表を挿入する

1 表を挿入するスライドを表示して、

2 プレースホルダーの<表の挿入>をクリックし、

Keyword
列・行・セル

「列」とは表の縦のまとまり、「行」とは横のまとまりのことです。また、表のマス目を「セル」といいます。

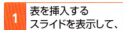

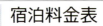

3 表の列数と行数を入力して、

4 <OK>をクリックすると、

Memo
<挿入>タブから表を挿入する

<挿入>タブの<表>をクリックすると表示されるマス目をドラッグして、行数と列数を指定することができます。

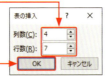

1 <挿入>タブをクリックして、

2 <表>をクリックし、

3 目的の行数と列数が選択されるようにドラッグします。

5 表の枠組みが作成されます。

2 セルに文字列を入力する

1 目的のセルをクリックしてカーソルを移動し、

2 文字列を入力します。

Memo

**キー操作による
セル間の移動**

カーソルを移動するには、目的のセルをクリックするか、キーボードの↑↓←→を押します。また、Tabを押すと右（次）のセルへ移動し、Shiftを押しながらTabを押すと、左（前）のセルへ移動します。

3 同様の手順で、ほかのセルにも文字列を入力します。

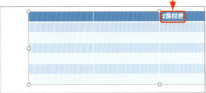

		2食付き	朝食付き
日〜金曜	大人（中学生以上）	12,000円	9,000円
	小学生	8,000円	6,500円
	幼児（3歳以上）	6,000円	4,500円
土曜・祝前日	大人（中学生以上）	15,000円	11,000円
	小学生	10,000円	8,000円
	幼児（3歳以上）	7,000円	5,500円

Section 31　第4章・表やグラフの作成

表を編集する

表の枠組みは、**行や列を追加・削除**することができますし、**行や列、表のサイズも変更**できます。表を編集する場合は、＜テーブルデザイン＞タブと＜レイアウト＞タブを利用します。

1 列を追加する

1 セルをクリックしてカーソルを移動し、

		2食付き	朝食付き
日〜金曜	大人（中学生以上）	12,000円	9,000円
	小学生	8,000円	6,500円
	幼児（3歳以上）	6,000円	4,500円
土曜・祝前日	大人（中学生以上）	15,000円	11,000円
	小学生	10,000円	8,000円
	幼児（3歳以上）	7,000円	5,500円

Hint
行を挿入するには？

行を挿入するには、セルにカーソルを移動して、＜レイアウト＞タブの＜上に行を挿入＞または＜下に行を挿入＞をクリックします。

2 ＜レイアウト＞タブの＜右に列を挿入＞をクリックすると、

3 カーソルがある右側に列が追加されます。

		2食付き	朝食付き	
日〜金曜	大人（中学生以上）	12,000円	9,000円	
	小学生	8,000円	6,500円	
	幼児（3歳以上）	6,000円	4,500円	
土曜・祝前日	大人（中学生以上）	15,000円	11,000円	
	小学生	10,000円	8,000円	
	幼児（3歳以上）	7,000円	5,500円	

4 文字列を入力します。

Hint

行や列を削除するには？

行や列を削除するには、削除したい行や列にカーソルを移動して、＜レイアウト＞タブの＜削除＞をクリックし、＜行の削除＞または＜列の削除＞をクリックします。

2 複数のセルを1つに結合する

1 複数のセルをドラッグして選択し、

StepUp

セルの分割

1つのセルを複数のセルに分割するには、セルにカーソルを移動し、＜レイアウト＞タブの＜セルの分割＞をクリックします。＜セルの分割＞ダイアログボックスが表示されるので、分割後の行数と列数を入力し、＜OK＞をクリックします。

2 ＜レイアウト＞タブの＜セルの結合＞をクリックすると、

3 セルが結合されます。

4 同様にセルを結合します。

Hint

表を削除するには？

表を削除するには、表の枠線にマウスポインターを合わせ、形が変わったらクリックして表全体を選択し、BackSpaceまたはDeleteを押します。

第4章 表やグラフの作成

107

3 セル内の文字列を縦書きにする

1 目的のセルをドラッグして選択し、

2 <レイアウト>タブをクリックして、

3 <文字列の方向>をクリックし、

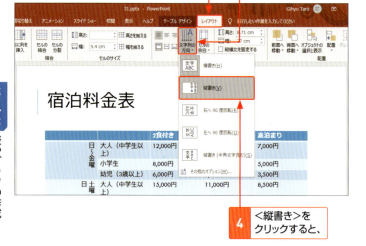

4 <縦書き>をクリックすると、

5 セル内の文字列が縦書きになります。

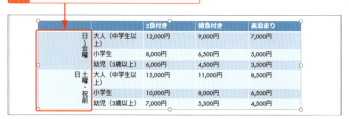

4 表のサイズを調整する

1 表をクリックして選択し、

2 マウスポインターをハンドルに合わせ、

3 ドラッグすると、

4 表のサイズが変わります。

5 列の幅を調整する

Hint
行の高さを調整するには？

横の罫線にマウスポインターを合わせると、形が ÷ に変わります。この状態で、上下にドラッグすると、行の高さを変更することができます。

1 マウスポインターを縦の罫線に合わせると、形が ╫ に変わるので、

StepUp
列の幅や行の高さを数値で指定する

列の幅や行の高さは、数値で指定することができます。目的の列または行を選択し、＜レイアウト＞タブの＜セルのサイズ＞グループの＜高さ＞と＜幅＞に、それぞれ数値を入力します。

2 ドラッグすると、

StepUp
複数の列の幅や行の高さを揃える

複数の行の列の幅や行の高さを揃えるには、ドラッグして列または行を選択し、＜レイアウト＞タブの＜幅を揃える＞または＜高さを揃える＞をクリックします。

3 列の幅が変わります。

		2食付き	朝食付き
日〜金曜	大人（中学生以上）	12,000円	9,000円
	小学生	8,000円	6,500円
	幼児（3歳以上）	6,000円	4,500円
土曜・祝前日	大人（中学生以上）	15,000円	11,000円
	小学生	10,000円	8,000円
	幼児（3歳以上）	7,000円	5,500円

6 セル内の文字列の配置を設定する

1 目的のセルをドラッグして選択し、

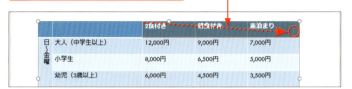

2 <レイアウト>タブをクリックして、

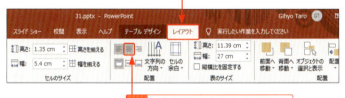

3 <中央揃え>をクリックすると、

		2食付き	朝食付き	素泊まり
日〜金曜	大人（中学生以上）	12,000円	9,000円	7,000円
	小学生	8,000円	6,500円	5,000円
	幼児（3歳以上）	6,000円	4,500円	3,500円

4 文字列がセルの左右中央に配置されます。

Memo

セル内の文字列の配置

セル内の文字列の横位置は、<レイアウト>タブの<左揃え>、<中央揃え>、<右揃え>から変更できます。また、<ホーム>タブでも変更できます。

Hint

セル内の文字列の縦位置を変更するには？

セル内の文字列の縦位置は、<レイアウト>タブの<上揃え>、<上下中央揃え>、<下揃え>から変更できます。

第4章 表やグラフの作成

7 セルの塗りつぶしの色を変更する

1. 目的のセルをドラッグして選択し、

2. <テーブルデザイン>タブをクリックして、

3. <塗りつぶし>をクリックし、

4. 目的の色をクリックすると、

5. セルの塗りつぶしの色が変更されます。

StepUp

表のスタイルの変更

<テーブルデザイン>タブの<表のスタイル>には、セルの背景色や罫線の色などを組み合わせたスタイルが用意されており、表の体裁をかんたんに整えることができます。表のスタイルを変更するには、ここから目的のスタイルを選択します。

8 罫線の太さや色を変更する

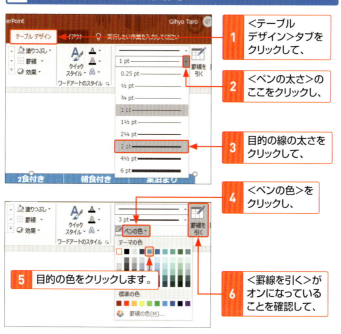

1. <テーブルデザイン>タブをクリックして、
2. <ペンの太さ>のここをクリックし、
3. 目的の線の太さをクリックして、
4. <ペンの色>をクリックし、
5. 目的の色をクリックします。
6. <罫線を引く>がオンになっていることを確認して、

7. 書式を変更したい罫線の真上をドラッグすると、

8. 罫線の書式が変わります。
9. Escを押すと、マウスポインターの形が元に戻ります。

Section 32 第4章・表やグラフの作成

グラフを作成する

PowerPointでは、**棒グラフ、折れ線グラフ**など、多くの種類の**グラフ**をかんたんに作成できます。ワークシートにデータを入力すると、リアルタイムでスライド上のグラフに反映されます。

1 グラフを挿入する

1. グラフを挿入するスライドを表示し、

2. プレースホルダーの<グラフの挿入>をクリックして、

3. グラフの種類をクリックし、

4. 目的のグラフをクリックして、

Memo ―― <挿入>タブからのグラフの挿入

<挿入>タブの<グラフ>をクリックしても、<グラフの挿入>ダイアログボックスが表示され、スライドにグラフを挿入することができます。

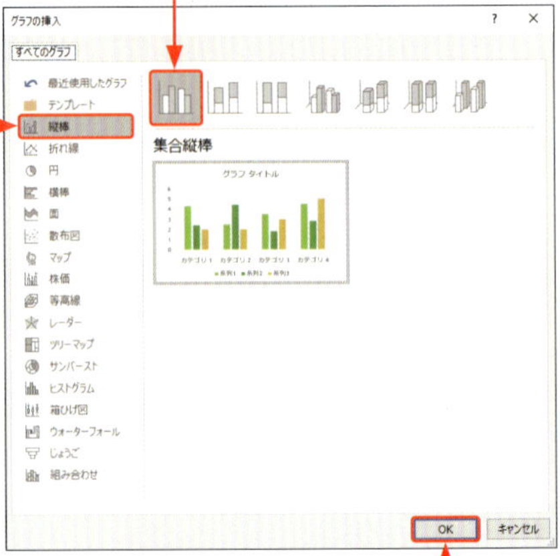

5. <OK>をクリックすると、

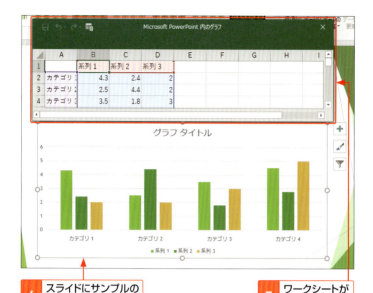

6 スライドにサンプルの
グラフが挿入され、

7 ワークシートが
表示されます。

2 データを入力する

1 データを入力するセルをクリックして選択し、

Memo

データの入力

ワークシートのセルをクリックして入力すると、そのセルのデータすべてを書き換えることができます。また、セルをダブルクリックしてから修正する文字列をドラッグして選択し、データを修正すると、文字単位で挿入や削除が行えます。

2 データを入力し、

3 Enter を押して入力を確定すると、

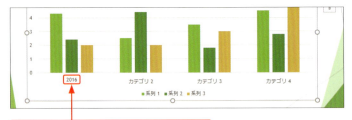

4 データの変更がグラフに反映されます。

5 同様にすべてのデータを入力します。

データ範囲が自動的に調整される

ワークシートの青い枠線で囲まれたデータがグラフに反映されます。青い枠線の外側の隣接したセルにデータを入力したり、列や行を挿入したりすると、青い枠線が自動的に拡張されます。

3 不要なデータを削除する

1 不要な行の行番号を右クリックし、

2 <削除>をクリックすると、

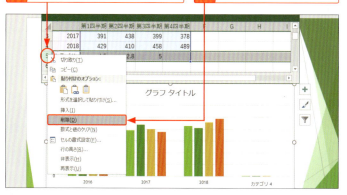

3 行が削除され、

4 データがグラフに反映されます。

5 <閉じる>をクリックして、ワークシートを閉じます。

Hint

再度ワークシートを表示するには？

再度ワークシートを表示するには、グラフを選択し、<グラフのデザイン>タブの<データの編集>をクリックし、<データの編集>をクリックします。

Section 33 グラフを編集する

第4章・表やグラフの作成

スライドに挿入したグラフのタイトルや軸ラベルなどのグラフ要素は、表示／非表示を切り替えたり、書式や設定を変更したりすることができます。

1 グラフの構成要素

Keyword

グラフ要素

グラフを構成する要素のことを「グラフ要素」といいます。グラフ要素の表示／非表示や書式設定を必要に応じて変更すると、より見やすいグラフを作成することができます。

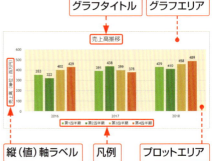

Keyword

**データマーカーと
データ系列**

グラフ内の値を表す部分を「データマーカー」、同じ項目を表すデータマーカーの集まりを「データ系列」といいます。

第4章 表やグラフの作成

118

2 グラフ要素の表示／非表示を切り替える

1 グラフをクリックして選択し、

2 ＜グラフ要素＞をクリックして、

3 ＜グラフタイトル＞をオフにすると、

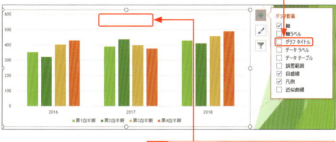

4 グラフタイトルが非表示になります。

Memo

グラフ要素の表示／非表示

グラフ要素の表示／非表示を切り替えるには、グラフを選択すると右上に表示される＜グラフ要素＞ + をクリックして、表示するグラフ要素をオンにします。また、＜グラフのデザイン＞タブの＜グラフ要素を追加＞からも設定できます。

第4章 表やグラフの作成

119

5 <軸ラベル>をポイントして、

6 ここをクリックし、

Hint
軸ラベルを移動するには?

軸ラベルの位置を変更するには、軸ラベルを選択し、枠線にマウスポインターを合わせて、目的の位置へドラッグします。

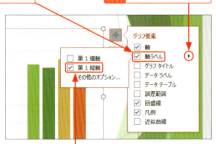

7 <第1縦軸>をオンにすると、

8 第1縦軸の軸ラベルが表示されるので、文字列をドラッグして選択し、

StepUp
軸ラベルの書式を変更する

軸ラベルのフォントサイズやフォントの種類、フォントの色などの書式は、<ホーム>タブで変更できます。

9 文字列を入力します。

Hint
軸ラベルを縦書きにするには?

軸ラベルを縦書きにするには、軸ラベルを選択し、<ホーム>タブの<文字列の方向>をクリックして、<縦書き>または<縦書き(半角文字含む)>をクリックします。

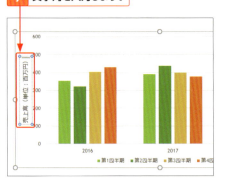

10 <データラベル>をポイントして、　　**11** ここをクリックし、

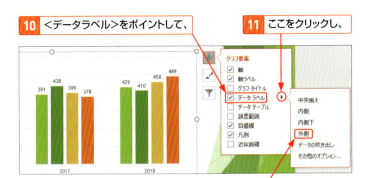

12 データラベルを表示させる場所をクリックすると、

13 データラベルが表示されます。　　**14** <グラフ要素>をクリックしてメニューを非表示にします。

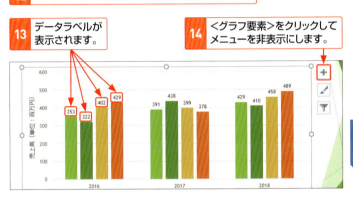

第4章 表やグラフの作成

Hint

パーセンテージを表示するには?

円グラフなどで、データラベルに値ではなくパーセンテージを表示したい場合は、手順**10**の画面で<その他のオプション>をクリックします。<データラベルの書式設定>作業ウィンドウが表示されるので、<ラベルの内容>の<パーセンテージ>をオンにします。

<パーセンテージ>をオンにします。

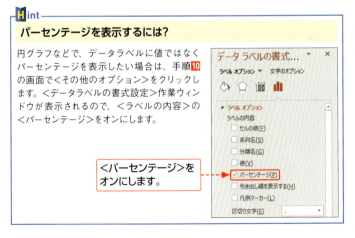

Section 34　第4章・表やグラフの作成

グラフのデザインを変更する

グラフエリアやデータ系列などの書式が組み合わされた「グラフスタイル」が用意されており、デザインをかんたんに変更することができます。また、グラフ全体の色を変更することもできます。

1 グラフスタイルを変更する

1 グラフをクリックして選択し、

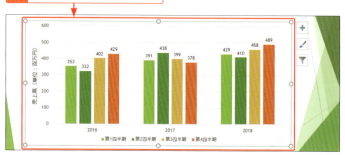

2 <グラフのデザイン>タブをクリックして、

3 <グラフスタイル>グループのここをクリックし、

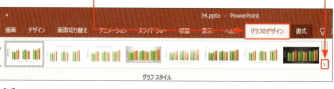

> **Memo**
> **グラフスタイルの変更**
>
> <グラフのデザイン>タブの<グラフスタイル>グループには、グラフエリアの色が異なるもの、データ系列がグラデーションのもの、枠線だけのものなど、さまざまな書式が組み合わされたスタイルが用意されています。データ系列の塗りつぶしを個別に設定したあとに、グラフスタイルを変更すると、スタイルが優先されて適用されます。

4 目的のスタイルをクリックすると、

5 グラフにスタイルが設定されます。

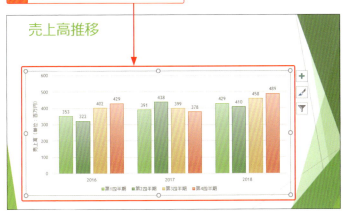

Hint

グラフスタイルを元に戻すには?

変更したグラフスタイルを元に戻すには、手順**4**で＜スタイル1＞をクリックします。

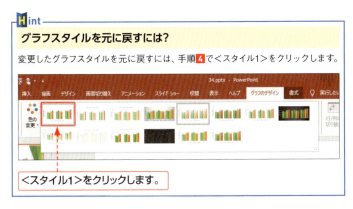

＜スタイル1＞をクリックします。

2 グラフ全体の色を変更する

1 グラフをクリックして選択し、

2 ＜グラフのデザイン＞タブをクリックして、

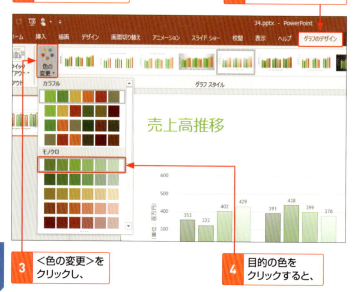

3 ＜色の変更＞をクリックし、

4 目的の色をクリックすると、

5 グラフの色が変更されます。

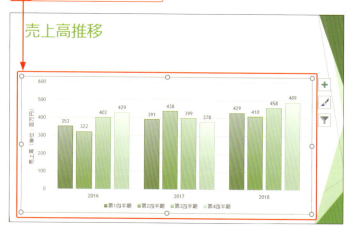

3 特定のデータマーカーの色を変更する

1 目的のデータマーカーを2回クリックして選択し、

Memo

データマーカーの選択

特定のデータマーカーを選択するには、目的のデータマーカーをクリックします。データ系列が選択されるので、再度クリックすると、データマーカーが選択されます。

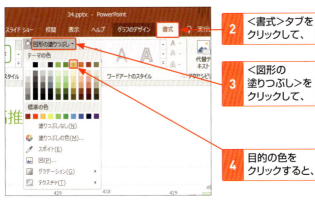

2 <書式>タブをクリックして、

3 <図形の塗りつぶし>をクリックして、

4 目的の色をクリックすると、

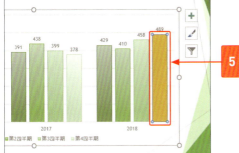

5 データーマーカーの色が変更されます。

第4章 表やグラフの作成

Section 35 第4章・表やグラフの作成

Excelから表やグラフを挿入する

スライドには、Excelで作成した表やグラフをコピーして貼り付けることができます。<リンク貼り付け>を利用すると、元のExcelファイルを編集したときに、スライドの表やグラフも更新されます。

1 Excelの表をそのまま貼り付ける

1 Excelの表をドラッグして選択し、

Hint
Excelのグラフをコピーするには？
Excelのグラフをコピーするには、グラフをクリックして選択し、手順2以降の操作を行います。

2 <ホーム>タブをクリックして、

3 <コピー>をクリックします。

4 PowerPointで貼り付けるスライドを表示して、

5 <ホーム>タブをクリックし、

6 <貼り付け>のここをクリックして、

7 <元の書式を保持>をクリックすると、

8 Excelの表が元の書式のまま貼り付けられます。

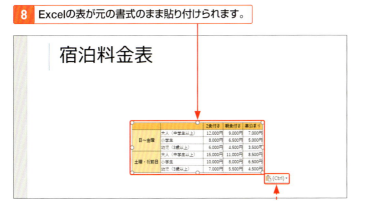

下の「Memo」参照。

emo

貼り付けのオプションの選択

手順**8**では、貼り付けのオプションを、＜貼り付け先のスタイルを使用＞、＜元の書式を保持＞、＜埋め込み＞、＜図＞、＜テキストのみ保持＞から選択します。ここでは、Excelの表の書式を適用するため、＜元の書式を保持＞をクリックします。なお、貼り付けのオプションは、＜ホーム＞タブの＜貼り付け＞のアイコン部分をクリックして貼り付けたあと、表の右下に表示される＜貼り付けのオプション＞からも選択できます。

1 クリックして、

2 貼り付けのオプションを選択します。

第4章 表やグラフの作成

2 Excelとリンクした表を貼り付ける

1. P.126の手順1〜4を参考に、Excelの表をコピーしてPowerPointで貼り付けるスライドを表示し、

2. <ホーム>タブをクリックして、

3. <貼り付け>のここをクリックし、

4. <形式を選択して貼り付け>をクリックします。

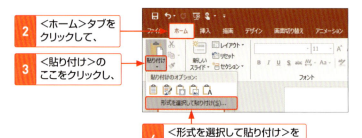

5. <リンク貼り付け>をクリックして、

6. <Microsoft Excelワークシートオブジェクト>をクリックし、

7. <OK>をクリックすると、

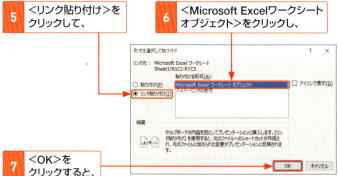

8. Excelの表がリンク貼り付けされます。

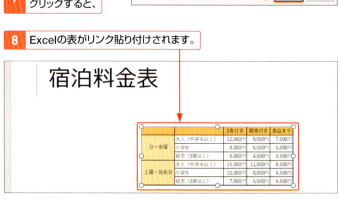

第5章

画像や動画の設定

ction		
36	画像やビデオを挿入する
37	画像を編集する
38	ビデオを編集する
39	スライドに音楽を入れる

Section 36　第5章・画像や動画の設定

画像やビデオを挿入する

スライドには、デジタルカメラで撮影した写真や、グラフィックスソフトで作成したイラストなど、さまざまな**画像を挿入**できます。また、ビデオカメラで撮影した**ビデオを挿入**することも可能です。

1 パソコンに保存されている画像を挿入する

1. 画像を挿入するスライドを表示し、
2. プレースホルダーの＜図＞をクリックして、

StepUp
オンライン画像を挿入する

スライドには、インターネットで検索した画像を挿入することもできます。その場合は、プレースホルダーの＜オンライン画像＞アイコンや＜挿入＞タブの＜オンライン画像＞をクリックします。ボックスにキーワードを入力し、Enterを押すと、検索結果が表示されます。目的の画像をクリックし、＜挿入＞をクリックすると、スライドの画像が挿入されます。なお、Web上の画像をプレゼンテーションに利用する際は、著作権に気をつけてください。

3. 画像が保存されている場所を指定し、
4. 目的の画像ファイルをクリックして、
5. ＜挿入＞をクリックすると、

6 画像が挿入されます。

Memo

<挿入>タブの利用

<挿入>タブの<画像>をクリックしても、<図の挿入>ダイアログボックスが表示され、画像を挿入することができます。

2 スクリーンショットを挿入する

1 スクリーンショットに使用するウィンドウを開いて、

Memo

ウィンドウは開いておく

スライドにパソコン画面のスクリーンショットを挿入するときは、あらかじめスクリーンショットに使用するウィンドウを開いておきます。なお、この方法では、Microsoft Edgeや「天気」などのストアアプリのスクリーンショットは挿入できません。

2 PowerPointの<挿入>タブをクリックし、

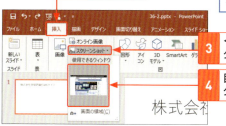

3 <スクリーンショット>をクリックして、

4 目的のウィンドウをクリックします。

Hint

ウィンドウの一部を挿入するには?

ウィンドウの一部を切り抜いてスライドに挿入するには、<挿入>タブの<スクリーンショット>をクリックして、<画面の領域>をクリックします。目的のウィンドウの切り抜く部分をドラッグすると、自動的にスクリーンショットが挿入されます。

Memo

ハイパーリンクの設定

Webブラウザーのスクリーンショットを挿入しようとすると、手順 5 の画面が表示される場合があります。＜はい＞をクリックすると、挿入したスクリーンショットにURLのハイパーリンクが設定されます。スライドショー実行中に画像をクリックすると、Webブラウザーが起動して挿入した画面が表示されます。ハイパーリンクを設定しない場合は、＜いいえ＞をクリックします。

5 この画面が表示された場合は、ハイパーリンクを設定するかどうかを選択すると（左の「Memo」参照）、

6 スクリーンショットが挿入されます。

3 ビデオを挿入する

1 ビデオを挿入するスライドを表示して、

2 プレースホルダーの＜ビデオの挿入＞をクリックし、

| 3 | ビデオが保存されている場所を指定して、 | 4 | 目的のビデオファイルをクリックし、 |

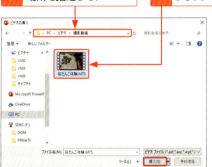

> **S**tepUp
>
> **オンラインビデオの挿入**
>
> Web上のビデオを挿入するには、＜挿入＞タブの＜ビデオ＞をクリックして、＜オンラインビデオ＞をクリックし、URLを入力して、＜挿入＞をクリックします。なお、Web上のビデオをプレゼンテーションに利用する際は、著作権に気をつけてください。

| 5 | ＜挿入＞をクリックすると、 |

| 6 | ビデオが挿入されます。 |

クリックすると、ビデオが再生されます。

> **M**emo
>
> **動画の再生開始**
>
> 初期設定では、スライドショー実行時にスライドをクリックするか、動画の画面下に表示される▶をクリックすると、動画が再生されます。スライドが切り替わったときに自動的に動画が再生されるようにするには、動画をクリックして選択し、＜再生＞タブの＜開始＞で＜自動＞をクリックします。

Section 37 第5章・画像や動画の設定

画像を編集する

スライドに挿入した画像は、フォトレタッチソフトがなくても、PowerPointを利用して、**トリミング**したり、**明るさやコントラストを調整**したりすることができます。

1 画像をトリミングする

Keyword
トリミング

画像の一部だけを表示させたい場合は、トリミング機能を利用します。トリミングとは、画像の特定の範囲を切り抜くことです。

1 画像をクリックして選択し、

2 <図の形式>タブをクリックして、

3 <トリミング>のここをクリックすると、

StepUp
縦横比を指定してトリミングする

画像の縦横比を指定してトリミングするには、<図の形式>タブの<トリミング>の下のテキスト部分をクリックして、<縦横比>をポイントし、目的の縦横比をクリックします。

4 画像の周囲に黒いハンドルが表示されるので、マウスポインターを合わせて、

StepUp
図形に合わせてトリミングする

角丸四角形や円、ハートなどの図形で画像を切り抜くには、画像を選択して、＜図の形式＞タブの＜トリミング＞の下のテキスト部分をクリックし、＜図形に合わせてトリミング＞をポイントして、目的の図形をクリックします。

5 ドラッグし、

Memo
トリミングの確定

トリミングを確定するには、画像以外の部分をクリックするか、Escを押します。また、＜図の形式＞タブの＜トリミング＞のアイコン部分をクリックしても行えます。

6 画像以外の部分をクリックすると、

7 画像がトリミングされます。

Hint
画像のサイズを変更するには？

画像のサイズを変更するには、画像を選択すると周囲に表示される白いハンドルをドラッグします。このとき四隅のハンドルをドラッグすると、縦横比を保持してサイズを変更することができます。

2 画像の明るさやコントラストを調整する

Memo

明るさとコントラストの調整

画像の明るさとコントラスト（明暗の差）は、＜図の形式＞タブの＜修整＞で調整できます。手順3では明るさとコントラストを20％刻みで調整できます。また、手順3で＜図の修整オプション＞をクリックすると表示される＜図の書式設定＞作業ウィンドウを利用すると、数値を細かく設定できます。

1 画像をクリックして選択し、

2 ＜図の形式＞タブの＜修整＞をクリックして、

3 目的の明るさとコントラストの組み合わせをクリックすると、

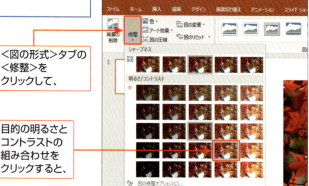

4 明るさとコントラストが変更されます。

3 画像にスタイルを設定する

1 画像をクリックして選択し、

Keyword
スタイル

「スタイル」とは、枠線や影、ぼかし、3-D回転などの書式を組み合わせたもののことで、画像にスタイルを適用すると、かんたんに修飾することができます。

2 <図の形式>タブをクリックして、

3 <図のスタイル>のここをクリックし、

4 目的のスタイルをクリックすると、

5 画像にスタイルが設定されます。

Section 38　第5章・画像や動画の設定

ビデオを編集する

PowerPointには、かんたんな動画編集機能が用意されています。「ビデオのトリミング」を利用して、動画の前後の不要な部分を削除したり、表紙画像を設定したりすることができます。

1 ビデオをトリミングする

Hint

ビデオを削除するには?

挿入したビデオを削除するには、スライド上のビデオをクリックして選択し、Deleteを押します。

1 ビデオをクリックして選択し、

StepUp

ビデオを全画面で再生する

スライドショー実行中にビデオを全画面で再生するには、手順**2**の画面で＜全画面再生＞をオンにします。

2 ＜再生＞タブをクリックして、

3 ＜ビデオのトリミング＞をクリックすると、

StepUp

ビデオの音量を調整する

ビデオの音量を設定するには、ビデオをクリックして選択し、＜再生＞タブの＜音量＞をクリックし、目的の音量をクリックします。

4 <ビデオのトリミング>ダイアログボックスが表示されます。

Hint

表示画面をトリミングするには？

ビデオの画面の端に余計なものが映り込んでしまった場合は、表示画面をトリミングします。ビデオを選択し、<ビデオ形式>タブの<トリミング>をクリックすると、周囲に黒いハンドルが表示されるので、画像のトリミングと同様の手順でトリミングします（P.134 ～ 135参照）。

5 緑色のスライダーをドラッグして開始位置を指定し、

6 赤色のスライダーをドラッグして終了位置を指定し、

7 <OK>をクリックすると、

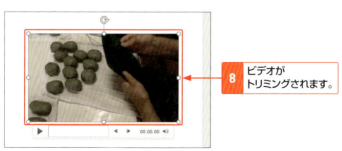

8 ビデオがトリミングされます。

2 ビデオの明るさやコントラストを調整する

1 ビデオをクリックして選択し、

2 <ビデオ形式>タブの<修整>をクリックして、

3 目的の明るさとコントラストの組み合わせをクリックすると、

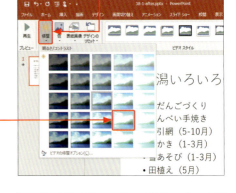

4 明るさとコントラストが変更されます。

3 ビデオの表紙画像を設定する

1 ビデオをクリックして選択し、

2 <ビデオ形式>タブの<表紙画像>をクリックして、

3 <ファイルから画像を挿入>をクリックし、

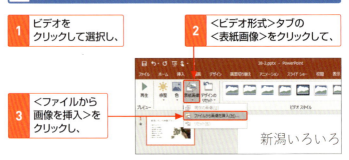

| 4 | <ファイルから>をクリックします。 |

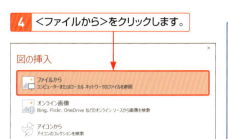

| 5 | 画像が保存されている場所を指定し、 |

| 6 | 目的の画像ファイルをクリックして、 |

| 7 | <挿入>をクリックすると、 |

| 8 | 表紙画像が挿入されます。 |

Hint

ビデオ内の画像を表紙画像にするには？

ビデオ内の画像を表紙画像に設定するには、動画をクリックして選択し、<ビデオ形式>タブの<再生>をクリックします。目的の位置まで再生されたら、<ビデオ形式>タブの<一時停止>をクリックします。<ビデオ形式>タブの<表紙画像>をクリックし、<現在の画像>をクリックすると、表紙画像が挿入されます。

Hint

表紙画像を削除するには？

表紙画像を削除するには、ビデオをクリックして選択し、<ビデオ形式>タブの<表示画像>をクリックして、<リセット>をクリックします。

第5章 画像や動画の設定

Section 39 第5章・画像や動画の設定

スライドに音楽を入れる

スライドに合わせて**効果音やBGMなどのオーディオ**を再生させることができます。このセクションでは、パソコンに保存されているオーディオファイルを挿入する方法を解説します。

1 音楽を挿入する

Hint 音楽を削除するには？

スライドに挿入したオーディオを削除するには、スライド上のサウンドのアイコンをクリックして選択し、Delete を押します。

1 音楽を挿入するスライドを表示して、

2 <挿入>タブの<オーディオ>をクリックし、

3 <このコンピューター上のオーディオ>をクリックして、

Hint 自動で再生させるには？

初期設定では、スライドショーを実行したときに、サウンドのアイコンをクリックすると、オーディオが再生されます。オーディオを挿入したスライドが表示されたときに自動的にオーディオが再生されるようにするには、サウンドのアイコンをクリックして選択し、<再生>タブの<開始>で<自動>を選択します。

4 ファイルが保存されている場所を指定し、

5 目的のファイルをクリックして、

6 <挿入>をクリックすると、

7 音楽が挿入され、サウンドのアイコンが表示されます。

8 アイコンにマウスポインターを合わせ、

9 ドラッグすると、アイコンが移動します。

Hint

次のスライドに切り替わったあとも再生するには?

初期設定では、次のスライドに切り替わると、オーディオの再生が停止します。次のスライドに切り替わったあとも再生されるようにするには、サウンドのアイコンをクリックして選択し、<再生>タブの<スライド切り替え後も再生>をオンにします。

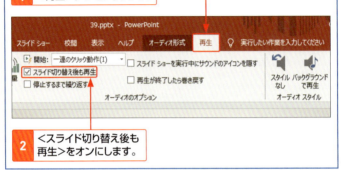

StepUp

BGMとして利用する

サウンドのアイコンをクリックして選択し、<再生>タブの<バックグラウンドで再生>をクリックすると、<開始>が<自動>に設定され、<スライド切り替え後も再生>、<停止するまで繰り返す>、<スライドショーを実行中にサウンドのアイコンを隠す>の各項目がオンになります。

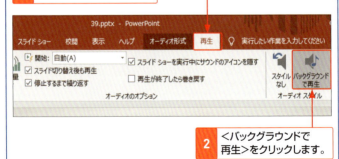

第6章

アニメーションの設定

Section		
	40	画面切り替え効果を設定する
	41	アニメーション効果を設定する
	42	アニメーション効果を変更する
	43	アニメーション効果の例

Section 40　第6章・アニメーションの設定

画面切り替え効果を設定する

スライドが次のスライドに切り替わるときに、「**画面切り替え効果**」というアニメーション効果を設定すると、プレゼンテーションに変化をつけることができます。

1 スライドに画面切り替え効果を設定する

1 画面切り替え効果を設定するスライドを表示して、

2 <画面切り替え>タブをクリックし、

3 <画面切り替え>グループのここをクリックして、

Memo

アニメーション効果

スライドにアニメーション効果を設定すると、表現力豊かなプレゼンテーションを作成できます。アニメーション効果には、「画面切り替え効果」と「(オブジェクトの) アニメーション効果」(Sec.41参照) の2種類があります。

4 目的の画面切り替え効果（ここでは<ページカール>）をクリックすると、

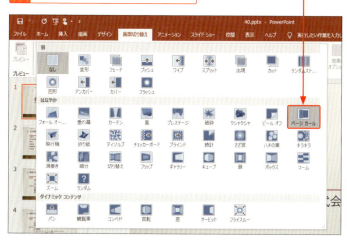

5 画面切り替え効果が設定されます。

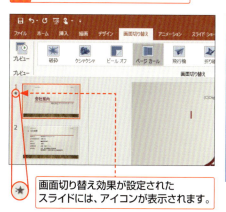

画面切り替え効果が設定された
スライドには、アイコンが表示されます。

第6章 アニメーションの設定

Keyword

画面切り替え効果

「画面切り替え効果」とは、スライドから次のスライドへ切り替わる際に、画面に変化を与えるアニメーション効果のことです。スライドがページをめくるように切り替わる「ページカール」をはじめとする48種類から選択できます。

Hint

画面切り替え効果を削除するには？

設定した画面切り替え効果を削除するには、目的のスライドを表示して、手順**4**の画面を表示し、<なし>をクリックします。

2 画面切り替え効果のオプションを設定する

1 画面切り替え効果のオプションを設定するスライドを表示して、

2 <画面切り替え>タブをクリックし、

3 <効果のオプション>をクリックして、

4 目的のオプション(ここでは<1枚左へ>)をクリックします。

5 <すべてに適用>をクリックすると、

StepUp
画面切り替え効果のスピードの設定

画面切り替え効果のスピードを設定するには、<画面切り替え>タブの<期間>で、画面切り替え効果にかかる時間を指定します。数値が小さいと、スピードが速くなります。

StepUp
スライドが切り替わるタイミングの設定

画面切り替え効果を設定した直後の状態では、スライドショー実行中に画面をクリックすると、次のスライドに切り替わります。指定した時間で次のスライドに自動的に切り替わるようにするには、<画面切り替え>タブの<自動的に切り替え>をオンにし、横のボックスで切り替えまでの時間を指定します。

6 すべてのスライドに同じ画面切り替え効果が適用されます。

> **Memo**
> **<効果のオプション>の設定**
>
> 設定している画面切り替え効果の種類によって、<効果のオプション>に表示される項目は異なります。

3 画面切り替え効果を確認する

1 <画面切り替え>タブをクリックして、

2 <プレビュー>をクリックすると、

3 画面切り替え効果を確認できます。

Section 41　第6章・アニメーションの設定

アニメーション効果を設定する

オブジェクトに注目を集めるには、「アニメーション効果」を設定して動きをつけます。このセクションでは、テキストが端から徐々に表示される「ワイプ」のアニメーション効果を設定します。

1 オブジェクトにアニメーション効果を設定する

1 アニメーション効果を設定するプレースホルダーの枠線をクリックして選択し、

2 <アニメーション>タブをクリックして、

3 <アニメーション>グループのここをクリックし、

4 目的のアニメーション効果（ここでは<ワイプ>）をクリックすると、

5 アニメーションが再生され、アニメーション効果が設定されます。

下の「Memo」参照。

Memo

アニメーション効果の種類

アニメーション効果には、大きくわけて次の4種類があります。

① <開始>
オブジェクトを表示するアニメーション効果を設定します。

② <強調>
スピンなど、オブジェクトを強調させるアニメーション効果を設定します。

③ <終了>
オブジェクトを消すアニメーション効果を設定します。

④ <アニメーションの軌跡>
オブジェクトを自由に動かすアニメーション効果を設定します。

Memo

アニメーションの再生順序

アニメーション効果を設定すると、スライドのオブジェクトの左側にアニメーションの再生順序が数字で表示されます。アニメーション効果は、設定した順に再生されます。なお、この再生順序は、<アニメーション>タブ以外では非表示になります。

第6章 アニメーションの設定

2 アニメーションの方向を設定する

Memo

アニメーション効果の選択

アニメーション効果を選択するには、<アニメーション>タブをクリックして、目的のアニメーション効果の再生順序をクリックします。

Memo

アニメーションの方向の変更

「スライドイン」や「ワイプ」など、一部のアニメーション効果では、オブジェクトが動く方向を設定できます。なお、<効果のオプション>に表示される項目は、設定しているアニメーション効果によって異なります。

3 アニメーション効果を確認する

1 <アニメーション>タブをクリックして、

2 <プレビュー>のここをクリックすると、

3 アニメーション効果を確認できます。

Hint
アニメーション効果を削除するには?

アニメーション効果を削除するには、<アニメーション>タブをクリックして、目的のアニメーション効果の再生順序をクリックし、P.151の手順**4**の画面を表示して、<なし>をクリックします。

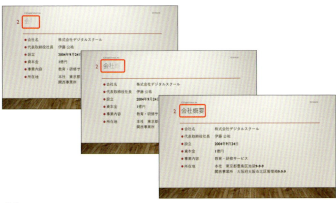

StepUp
<開始効果の変更>ダイアログボックスの利用

P.151の手順**4**の画面で、アニメーション効果の一覧に目的のアニメーション効果がない場合は、<その他の開始効果>をクリックします。<開始効果の変更>ダイアログボックスが表示されるので、目的のアニメーション効果をクリックし、<OK>をクリックします。

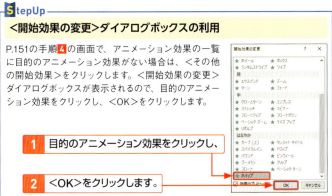

1 目的のアニメーション効果をクリックし、

2 <OK>をクリックします。

第6章 アニメーションの設定

Section 42　第6章・アニメーションの設定

アニメーション効果を変更する

標準ではスライドショー実行時にスライドをクリックすると、アニメーションが開始されますが、**開始のタイミング**や**表示されるテキストの量**、**再生順序**を変更することができます。

1 アニメーションの開始のタイミングを変更する

1 ＜アニメーション＞タブをクリックして、

2 アニメーション効果の再生順序をクリックして選択し、

Memo

アニメーションの開始のタイミングの変更

オブジェクトに設定したアニメーション効果は、再生を開始するタイミングを変更することができます。選択できる項目は、次のとおりです。

① ＜クリック時＞
スライドショーの再生時に、画面上をクリックすると再生されます。

② ＜直前の動作と同時＞
直前に再生されるアニメーションと同時に再生されます。

③ ＜直前の動作の後＞
直前に再生されるアニメーションのあとに再生されます。前のアニメーションが終了してから次のアニメーションが再生されるまでの時間は、＜遅延＞で指定できます。

| 3 | <開始>のここをクリックして、 | 4 | 目的のタイミングをクリックし、 |

> **StepUp**
>
> **アニメーションの速度を変更する**
>
> <アニメーション>タブの<継続時間>では、アニメーションの再生速度を設定できます。数値が大きくなるほど、再生速度が遅くなります。

| 5 | <遅延>で再生開始までの時間を指定します。 |

2 一度に表示されるテキストの段落レベルを変更する

| 1 | プレースホルダーの枠線をクリックして選択し、 |

| 2 | <アニメーション>タブをクリックして、 |

| 3 | <アニメーション>グループのここをクリックします。 |

4 <テキストアニメーション>をクリックして、

5 <グループテキスト>のここをクリックし、

6 一度に表示されるテキストの量を指定して、

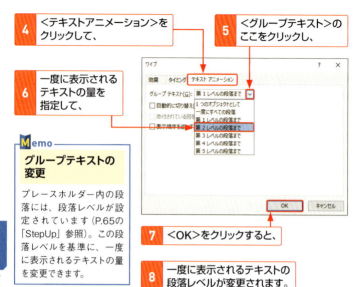

Memo
グループテキストの変更

プレースホルダー内の段落には、段落レベルが設定されています（P.65の「StepUp」参照）。この段落レベルを基準に、一度に表示されるテキストの量を変更できます。

7 <OK>をクリックすると、

8 一度に表示されるテキストの段落レベルが変更されます。

StepUp
テキストが文字単位で表示されるようにする

アニメーション効果を設定したテキストが文字単位で表示されるようにするには、手順**4**の画面で<効果>をクリックし、<テキストの動作>で<文字単位で表示>を選択して、<OK>をクリックします。

3 アニメーション効果をコピーする

1. アニメーション効果をコピーするオブジェクトをクリックして選択し、
2. <アニメーション>タブをクリックして、
3. <アニメーションのコピー/貼り付け>をクリックします。

4. 貼り付け先のスライドをクリックし、
5. アニメーション効果を貼り付けたいオブジェクトをクリックすると、アニメーション効果が貼り付けられます。

StepUp

アニメーション効果を複数のオブジェクトに貼り付ける

コピーしたアニメーション効果を複数のオブジェクトに貼り付けたい場合は、手順 3 で<アニメーション>タブの<アニメーションのコピー/貼り付け>をダブルクリックします。マウスポインターの形が になるので、貼り付け先のオブジェクトをすべてクリックしてから、Escを押すと、マウスポインターの形が元に戻ります。

4 アニメーションの再生順序を変更する

1 <アニメーション>タブをクリックして、

2 <アニメーションウィンドウ>をクリックすると、

Keyword

アニメーションウィンドウ

「アニメーションウィンドウ」は、スライドに設定されているアニメーション効果を確認できるウィンドウです。再生順序の変更や再生のタイミング、継続時間などの設定を変更することができます。

3 アニメーションウィンドウが表示され、

4 ここをクリックすると、

5 非表示になっていたアニメーション効果が表示されます。

6 再生順序を変更するアニメーション効果をクリックして選択し、

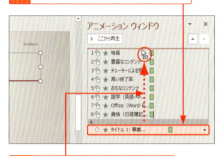

7 目的の位置までドラッグすると、

Memo

<アニメーション>タブの利用

アニメーションの再生順序は、スライドのアニメーションの再生順序を示す数字をクリックして選択し、<アニメーション>タブの<順番を前にする>または<順番を後にする>をクリックしても変更できます。

---

8 アニメーションの再生順序が変更され、

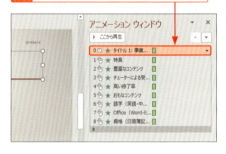

StepUp

アニメーション効果の設定の変更

アニメーションウィンドウで目的のアニメーション効果をクリックして選択し、右側に表示される▼をクリックすると、再生のタイミングや効果のオプションなどの設定を変更できます。

---

9 スライドに表示される再生順序の数字も変更されます。

Memo

アニメーションウィンドウを閉じる

アニメーションウィンドウを閉じるには、アニメーションウィンドウ右上の×をクリックするか、<アニメーション>タブの<アニメーションウィンドウ>をクリックします。

Section 43　第6章・アニメーションの設定

アニメーション効果の例

PowerPointには多くのアニメーション効果が用意されているので、どれを選んでよいのか迷ってしまうことも多いと思います。ここではいくつか具体例を紹介します。

1 テキストを1文字ずつ徐々に表示させる

Memo
＜フェード＞の設定

文字が徐々に表示されるアニメーション効果は、開始の＜フェード＞を設定します。キーワードを表示するような場面で利用するときは、1文字ずつ（P.156の「StepUp」参照）、ゆっくり表示されるようにすると（P.155の「StepUp」参照）、期待感が高まります。

開始：＜フェード＞

2 行頭から順に文字の色を変える

Memo
＜ブラシの色＞の設定

テキストの文字の色を変えるには、強調のアニメーション効果＜ブラシの色＞を設定します。変更後の文字の色は、＜効果のオプション＞で設定します。テキストを強調したいときに使用するのがおすすめです。

強調：ブラシの色

ワークライフバランス
ワークライフバランス
ワークライフバランス

第7章

プレゼンテーションの実行

tion		
	44	発表者のメモをノートに入力する
	45	リハーサルでスライドの切り替えを確認する
	46	スライドショーを実行する
	47	実行中のスライドにペンで書き込む

Section 44 第7章・プレゼンテーションの実行

発表者のメモを ノートに入力する

スライドショーの実行中に使用する発表者用のメモや参考資料などは、「ノート」としてノートウィンドウに入力します。ノートは、スライドショーの実行中に発表者にだけ表示することができます。

1 ノートウィンドウにノートを入力する

Memo

ノートウィンドウの表示

ノートウィンドウは、＜表示＞タブの＜表示＞グループの＜ノート＞、またはステータスバーの＜ノート＞をクリックしても表示させることができます。

1 ステータスバーの境界線にマウスポインターを合わせ、

2 上にドラッグすると、ノートウィンドウが表示されます。

3 ノートウィンドウをクリックすると、文字を入力できる状態になるので、

左上の「Memo」参照。

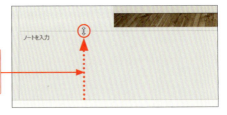

4 文字列を入力します。

2 ノート表示モードに切り替える

1 <表示>タブをクリックして、

2 <プレゼンテーションの表示>グループの<ノート>をクリックすると、

3 ノート表示モードに切り替わります。

Hint

編集画面に戻るには?

ノート表示モードから元のスライド編集画面(標準表示モード)に戻るには、<表示>タブの<標準>をクリックします。

クリックすると、編集できます。

第7章 プレゼンテーションの実行

163

Section 45 第7章・プレゼンテーションの実行

リハーサルでスライドの切り替えを確認する

スライドショーを実行する際に、**自動的にアニメーションを再生したり、スライドを切り替えたい**場合は、**リハーサル機能**を利用してそれらのタイミングを設定します。

1 リハーサルを行って切り替えのタイミングを設定する

Memo

リハーサル機能の利用

リハーサル機能を利用すると、実際にスライドの画面を見ながら、スライドごとにアニメーションを再生するタイミングやスライドを切り替えるタイミングを設定することができます。

1 <スライドショー>タブをクリックして、

2 <リハーサル>をクリックすると、

3 スライドショーのリハーサルが開始されます。

4 必要な時間が経過したら、スライドをクリックすると、

Memo

タイミングの設定

リハーサルを行う際には、本番と同じように説明を加えながら、スライドをクリックするか、左上に表示される<記録中>ツールバー(右ページ下の「Memo」参照)の<次へ>→をクリックして、アニメーションを再生したり、スライドを切り替えたりします。最後のスライドが表示し終わったあとに、切り替えのタイミングを記録すると、それが各スライドの表示時間として設定されます。

5 アニメーションが開始されたり、スライドが切り替わったりします。

Memo
アニメーションの再生

オブジェクトにアニメーション効果が設定されている場合は、スライドをクリックするたびに、アニメーションが再生されます。表示されているスライド上に設定されているアニメーションがすべて再生されてから、さらにクリックすると、次のスライドに切り替わります。

6 同様にスライドをクリックして、最後のスライドの表示が終わるまで、同じ操作を繰り返します。

7 最後のスライドのタイミングを設定すると、この画面が表示されるので、

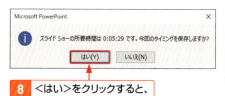

8 <はい>をクリックすると、

Hint
リハーサルを中止にするには?

リハーサルを中止するには、Escを押します。手順7の画面が表示されるので、<いいえ>をクリックします。

Memo
<記録中>ツールバーの利用

リハーサル中は、画面に<記録中>ツールバーが表示されます。

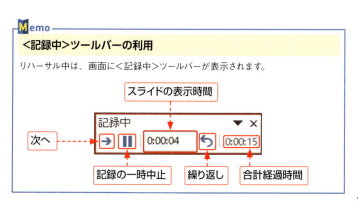

Hint

切り替えのタイミングを削除するには?

設定した切り替えのタイミングを削除するには、<スライドショー>タブの<スライドショーの記録>の下側をクリックして、<クリア>をポイントし、<現在のスライドのタイミングをクリア>または<すべてのスライドのタイミングをクリア>をクリックします。

9 スライドの切り替えとアニメーションの再生のタイミングが保存されます。

10 <スライド一覧>をクリックすると、

11 スライド一覧表示モードに切り替わり、

12 スライドの表示時間を確認できます。

Hint

自動的に切り替わらないようにするには?

<画面切り替え>タブの<自動的に切り替え>をオフにすると、タイミングの設定が無効になり、そのスライドは自動的に切り替わらなくなります。この場合、スライドショー実行中にスライドをクリックすると、次のスライドを表示することができます。なお、設定したタイミングを削除する場合(左上の「Hint」参照)とは異なり、<自動的に切り替え>をオンにすると、再度タイミングの設定が有効になります。

2 時間を入力して切り替えのタイミングを設定する

1 スライドをクリックして、 **2** <画面切り替え>タブをクリックし、

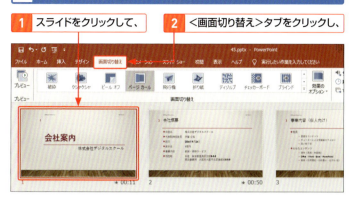

3 <自動的に切り替え>をオンにして、 **4** ここをクリックし、

5 表示時間を指定すると、

6 スライドの表示時間が設定されます。

Hint
すべてのスライドに同じタイミングを設定するには？

<画面切り替え>タブの<すべてに適用>をクリックすると、すべてのスライドに同じタイミングを設定することができます。

Section 46　第7章・プレゼンテーションの実行

スライドショーを実行する

作成したスライドを1枚ずつ表示していくことを、「スライドショー」といいます。パソコンを利用してプレゼンテーションを行う場合、一般的にはプロジェクターを接続します。

1 発表者ツールを使用する

1 パソコンとプロジェクターを接続します。

2 <スライドショー>タブをクリックして、

3 <発表者ツールを使用する>をオンにし、

4 <最初から>をクリックすると、

5 スライドショーが開始されます。

プロジェクターからスライドショーが投影されます。

パソコンには発表者ツールが表示されます(P.170下の「Hint」参照)。

第7章　プレゼンテーションの実行

168

2 スライドショーを進行する

1 スライドショーを開始しています。

発表者ツール

スライドショー

2 切り替えのタイミングを設定していると、自動的にスライドが切り替わり、スライドショーが進行します。

3 スライドショーが終わると、黒い画面が表示されるので、

4 スライド上をクリックすると、編集画面に戻ります。

Memo
アニメーションの再生やスライドの切り替え

リハーサル機能などで切り替えのタイミングを設定している場合は、スライドショーを実行すると、自動的にアニメーションが再生されたり、スライドが切り替わったりします（Sec.45参照）。手動でスライドを切り替える場合は、画面上をクリックするか、Nを押します。

Hint
前のスライドを表示するには?

前のスライドを表示するには、Pを押します。

第7章 プレゼンテーションの実行

169

3 スライドを拡大表示する

Hint
発表者ツールを使用しない場合は？

スライドショーを実行するときに、発表者ツールを利用しない場合は、＜スライドショー＞タブの＜発表者ツールを使用する＞をオフにします。

1 スライドショーを開始しています。

2 ここをクリックし、

Memo
スライドの拡大表示

スライドを拡大表示するには、発表者ツールの🔍をクリックします。マウスポインターの形が🔍に変わるので、スライド上の拡大したい部分をクリックすると、拡大表示されます。拡大表示すると、マウスポインターの形が✋に変わるので、ドラッグしてスライドを移動できます。右クリックすると、表示が元に戻ります。

Hint
発表者ツールが表示されない場合は？

プロジェクターを接続していない場合や、P.168の手順に従ってもパソコンに発表者ツールが表示されず、スライドショーが表示される場合は、スライド上を右クリックして、ショートカットメニューの＜発表者ツールを表示＞をクリックするか、右の手順に従います。

1 ここをクリックして、

2 ＜発表者ツールを表示＞をクリックします。

3 拡大したい部分をクリックすると、

4 スライドが拡大して表示されます。

5 ここをクリックすると、元に戻ります。

Memo スライドショーの開始方法

スライドショーを開始する方法は、P.168の手順以外に F5 を押すか、クイックアクセスツールバーの＜先頭から開始＞をクリックする方法もあります。この場合、常に最初のスライドからスライドショーが開始されます。また、＜スライドショー＞タブの＜現在のスライドから＞をクリックするか、ウィンドウ右下の＜スライドショー＞をクリックすると、現在表示されているスライドからスライドショーが開始されます。

Memo スライドショーのヘルプの表示

発表者ツールまたはスライドショー表示で●をクリックし、＜ヘルプ＞をクリックすると、＜スライドショーのヘルプ＞ダイアログボックスが表示されます。スライドショー実行時やリハーサル時などに利用できるショートカットキーを確認することができます。

第7章 プレゼンテーションの実行

4 目的のスライドを表示する

Hint
スライドショーを中止するには?

スライドショーを中止するには、発表者ツールで左上に表示される＜スライドショーの終了＞をクリックするか、Escを押します。

1 スライドショーを開始しています。

2 ここをクリックすると、

3 スライドの一覧が表示されるので、

4 表示したいスライドをクリックすると、

Hint
スライドショーの途中で黒い画面を表示するには?

スライドショーの途中でBを押すと、スライドショーが一時停止して黒い画面が表示され、再度Bを押すと、スライドショーが再開されます。また、Wを押すと、白い画面が表示されます。

5 目的のスライドが表示されます。

発表者ツールの利用

発表者ツールでは、ボタンをクリックしてアニメーションの再生やスライドの切り替え、スライドショーの中断、再開、中止などを行うことができます。また、スライドショーの途中で黒い画面を表示させたり、ペンでスライドに書き込んだりすることも可能です。

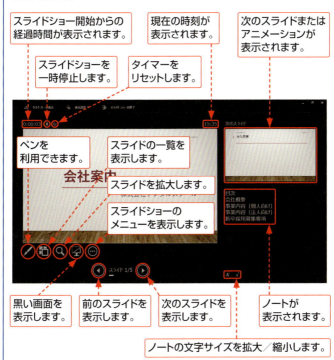

第7章 プレゼンテーションの実行

スライドショー表示での操作

スライドショー表示の画面左下のアイコンを利用すると、スライドショーの進行や各種設定を行うことができます。なお、スライドショーの実行中は、マウスポインターが非表示になりますが、マウスを大きく動かすと、マウスポインターとアイコンが表示されます。各アイコンの役割は、発表者ツールと同様です。

画面左下にアイコンが表示されます。

Section 47　第7章・プレゼンテーションの実行

実行中のスライドにペンで書き込む

スライドショーの実行中にペンを利用すると、スライドに線を引いたり、文字を書き込んだりすることができます。書き込んだ内容は保存することも可能です。

1 ペンでスライドに書き込む

Memo
ペンの選択

ペンを使用する際には、ペンの種類を<ペン>または<蛍光ペン>から選択します。

StepUp
インクの色の設定

手順3のあと、再度手順3の画面を表示し、目的の色をクリックすると、ペンのインクの色を設定できます。

Hint
マウスポインターを矢印に戻すには？

マウスポインターを矢印に戻すには、Escを押します。

1 スライドショーを開始しています。

2 ここをクリックして、

3 目的のペンの種類をクリックし、

4 ドラッグすると、スライドに書き込むことができます。

5 スライドショーを終了すると、メッセージが表示されるので、

6 書き込みを保持するかどうか選択します。

第8章

配布資料の印刷

tion	48	スライドを印刷する
	49	1枚の用紙に複数のスライドを印刷する
	50	資料に日付やページ番号を挿入する
	51	プレゼンテーションをPDFで配布する

Section 48　第8章・配布資料の印刷

スライドを印刷する

プレゼンテーションを行う際に、あらかじめスライドの内容を印刷したものを資料として参加者に配布しておくと、参加者は内容を理解しやすくなります。

1 スライドを1枚ずつ印刷する

1 <ファイル>タブをクリックして、

2 <印刷>をクリックし、

3 ここをクリックして、

4 <フルページサイズのスライド>をクリックします。

5 ここをクリックして、

6 目的の印刷範囲をクリックし、

7 印刷プレビューを確認して、

> **Memo**
> ### 印刷プレビューの利用
>
> ＜ファイル＞タブの＜印刷＞画面の右側には、印刷プレビューが表示され、印刷したときのイメージを確認できます。

スライダーをドラッグするか、ボタンをクリックすると拡大/縮小されます。

クリックすると、前のページまたは次のページを表示します。

クリックすると、ページ全体が表示されるように拡大/縮小されます。

第8章 配布資料の印刷

8 印刷部数を指定し、　　**9** <印刷>をクリックすると、

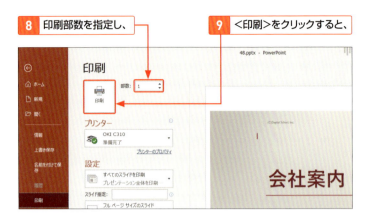

10 印刷が実行されます。

Hint

特定のスライドを印刷するには?

特定のスライドを印刷するには、<ファイル>タブの<印刷>画面の<スライド指定>ボックスに、スライド番号を入力します。番号と番号の間は「, (カンマ)」で区切り、スライドが連続する範囲は、始まりと終わりの番号を「- (ハイフン)」で結びます。「1,3-5」と入力した場合、1、3、4、5番目のスライドが印刷されます。

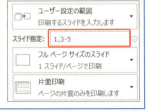

2 ノートを印刷する

1 ＜ファイル＞タブの＜印刷＞をクリックして、

2 ここをクリックし、

3 ＜ノート＞をクリックします。

4 印刷部数を指定し、

5 ＜印刷＞をクリックすると、印刷が実行されます。

Section 49 第8章・配布資料の印刷

1枚の用紙に複数のスライドを印刷する

1枚の用紙に複数のスライドを配置して印刷することもできます。3枚のスライドを配置する場合は、スライドの横にメモ用の罫線も印刷されます。

1 3枚のスライドを配置して印刷する

1 <ファイル>タブをクリックして、

2 <印刷>をクリックし、

3 ここをクリックして、

4 <3スライド>をクリックします。

5 印刷部数を指定し、

6 <印刷>をクリックすると、

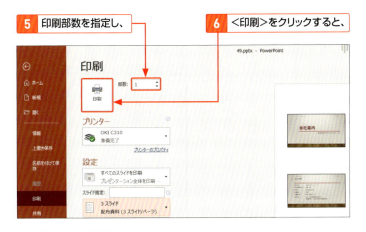

7 印刷が実行されます。

StepUp

モノクロで印刷する

モノクロで印刷するには、<ファイル>タブの<印刷>画面で、右図のように設定します。

1 ここをクリックし、

2 <グレースケール>または<単純白黒>をクリックします。

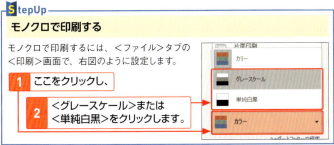

第8章 配布資料の印刷

181

Section 50 第8章・配布資料の印刷

資料に日付や
ページ番号を挿入する

1枚の用紙に複数のスライドを配置して印刷できる「配布資料」には、日付やページ番号を挿入して印刷することができます。設定は、<ヘッダーとフッター>ダイアログボックスから行います。

1 配布資料に日付やページ番号を印刷する

1 <ファイル>タブの<印刷>をクリックし、

2 ここをクリックして、

3 1枚の用紙に印刷したいスライドの枚数をクリックし、

4 <ヘッダーとフッターの編集>をクリックします。

5 <ノートと配布資料>をクリックし、

6 日付を設定して、

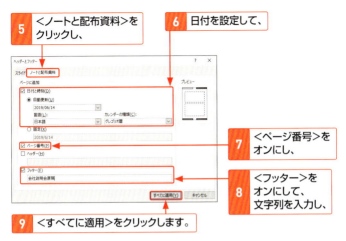

7 <ページ番号>をオンにし、

8 <フッター>をオンにして、文字列を入力し、

9 <すべてに適用>をクリックします。

10 ここをクリックして、

11 <用紙に合わせて拡大/縮小>をオフにすると、

Hint

ページ番号が表示されない?

手順 9 直後の状態では、ページ番号やフッターが表示されません。手順 11 で<用紙に合わせて拡大/縮小>をオフにすると、表示されます。

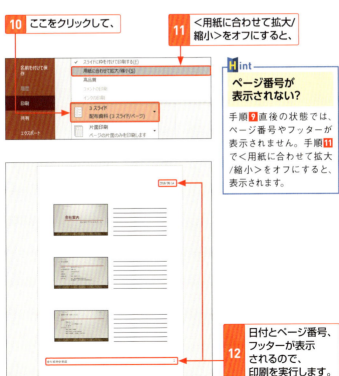

12 日付とページ番号、フッターが表示されるので、印刷を実行します。

Section 51 第8章・配布資料の印刷

プレゼンテーションをPDFで配布する

プレゼンテーションファイルは、**PDF形式**で**保存**することができます。PDFファイルは、「Microsoft Edge」や無料で配布されているソフト「Acrobat Reader」などで表示できます。

1 PDFで保存する

Keyword

PDF

「PDF」は、Adobe Systemsが開発したファイル形式で、「Portable Document Format」の略です。環境の異なるパソコンでプレゼンテーションファイルを開くと、フォントが置き換わってしまったり、レイアウトが崩れてしまったりする場合がありますが、PDF形式で保存すれば、異なる環境でも同じように表示することができます。

1 <ファイル>タブをクリックして、

2 <エクスポート>をクリックし、

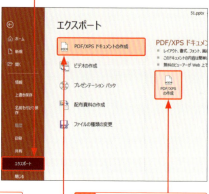

3 <PDF/XPSドキュメントの作成>をクリックして、

4 <PDF/XPSの作成>をクリックします。

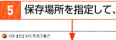
5 保存場所を指定して、

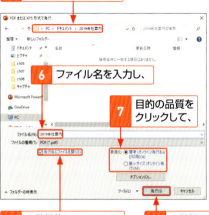

6 ファイル名を入力し、

7 目的の品質をクリックして、

8 ＜発行後にファイルを開く＞をオンにし、

9 ＜発行＞をクリックすると、

> **Memo**
>
> **＜名前を付けて保存＞ダイアログボックスの利用**
>
> ＜名前を付けて保存＞ダイアログボックスを表示して、＜ファイルの種類＞で＜PDF (*.pdf)＞を指定しても、プレゼンテーションをPDF形式で保存することができます（P.184参照）。

10 PDFが作成され、表示されます。

第8章 配布資料の印刷

StepUp

オプションの設定

手順**5**の画面で＜オプション＞をクリックすると、＜オプション＞ダイアログボックスが表示され、PDFに変換するスライド範囲や、コメントの有無などの設定を行うことができます。

185

覚えておくと便利なショートカットキー一覧

● 基本操作

Ctrl + N	新規プレゼンテーションの作成
Ctrl + F12	＜ファイルを開く＞ダイアログボックスの表示
Ctrl + P	＜印刷＞パネルの表示
Ctrl + S	上書き保存
F12	＜名前を付けて保存＞ダイアログボックスの表示
Ctrl + W	プレゼンテーションを閉じる
F5	最初のスライドからスライドショーを開始
Shift + F5	現在のスライドからスライドショーを開始
F1	＜PowerPoint 2019ヘルプ＞ウィンドウの表示
Alt + F4	PowerPoint 2019の終了

● スライドウィンドウでのデータの入力・編集

Ctrl + Z	直前の操作の取り消し
Ctrl + Y	取り消した操作のやり直し、または直前の操作の繰り返し
Ctrl + C	選択範囲のコピー
Ctrl + X	選択範囲の切り取り
Ctrl + V	コピー／切り取ったデータの貼り付け
Ctrl + M	新しいスライドの挿入
Ctrl + F	文字列の検索
Ctrl + H	文字列の置換
F7	スペルチェック
Shift + F9	グリッドの表示／非表示の切り替え
Alt + F9	ガイドの表示／非表示の切り替え

●アウトラインでの操作

[Alt] + [Shift] + [←]	段落レベルを上げる
[Alt] + [Shift] + [→]	段落レベルを下げる
[Alt] + [Shift] + [↑]	選択した段落を上に移動
[Alt] + [Shift] + [↓]	選択した段落を下に移動
[Ctrl] + [A]	すべてのテキストの選択

●テキスト・オブジェクトの選択

[Shift] + [↑]	選択範囲を1行上へ拡張
[Shift] + [↓]	選択範囲を1行下へ拡張
[Shift] + [←]	選択範囲を1文字左へ拡張
[Shift] + [→]	選択範囲を1文字右へ拡張
[Ctrl] + [Shift] + [←]	選択範囲を1単語左へ拡張
[Ctrl] + [Shift] + [→]	選択範囲を1単語右へ拡張

●スライドショーの操作

[N] ／ [Enter] ／ [↓] ／ [→]	次のスライドに進む
[P] ／ [BackSpace] ／ [↑] ／ [←]	前のスライドに戻る
[1]を押してから[Enter]	最初のスライドを表示
数字を押してから[Enter]	指定した数字のスライドを表示
[G] ／ [−] ／ [Ctrl] + [−]	スライドの縮小表示またはすべてのスライドの表示
[+] ／ [Ctrl] + [+]	スライドの拡大表示
[S]	自動実行中のスライドショーの停止／再開
[Esc]	スライドショーの終了
[B] ／ [.]	黒い画面の表示
[W] ／ [,]	白い画面の表示
[Ctrl] + [P]	マウスポインターをペンに変更
[Ctrl] + [A]	マウスポインターを矢印ポインターに変更
[Shift] + [F10]	ショートカットメニューの表示

INDEX 索引

数字

1行目のインデント……………………65

アルファベット

Excel……………………………………126
PDF……………………………………184
PowerPoint……………………………18
PowerPoint 97-2003………………34
ppt………………………………………34
pptx……………………………………33
SmartArt………………………………96

あ行

アウトライン表示モード………………24
明るさ……………………………136, 140
新しいスライド…………………………46
新しいプレゼンテーション……………20
アニメーションウィンドウ……………158
アニメーション効果…………………150
アニメーション効果の種類…………151
アニメーション効果を確認する……153
アニメーション効果をコピーする……157
アニメーションの開始のタイミング……154
アニメーションの再生順序…………158
アニメーションの速度………………155
アニメーションの方向………………152
印刷……………………………………176
印刷プレビュー………………………177
インデントマーカー……………62, 64, 66
上揃え…………………………………111
上書き保存……………………………33
閲覧表示モード………………………25
円………………………………………77
オーディオ……………………………142
音楽……………………………………142
オンライン画像………………………130
オンラインビデオ……………………133

か行

拡張子…………………………………35
箇条書き………………………………60
下線……………………………………57
画像……………………………………130
画像にスタイルを設定する…………137
画像のサイズを変更する……………135
画像を挿入する………………………130
画像をトリミングする…………………134
画面切り替え効果……………………146
画面構成………………………………22
起動……………………………………20
行………………………………………104
行頭文字………………………………60
行の間隔………………………………59
行の削除………………………………107
行の高さ………………………………110
行を挿入………………………………106
曲線……………………………………78
均等割り付け…………………………59
クイックアクセスツールバー…………22
グラデーション………………………87
グラフ……………………………114, 126
グラフスタイル………………………122
グラフタイトル………………………119
グラフ要素……………………………118
繰り返し………………………………31
クリップボード…………………………81
グループ………………………………26
グループ化……………………………94
グループテキスト……………………156
グレースケール………………………181
罫線……………………………………113
効果…………………………………72, 89

互換性チェック	35
互換モード	34
コネクタ	79
コピー	52, 53, 126
コマンド	26
コンテンツ	46
コントラスト	136, 140

さ行

最近使ったアイテム	38
サブタイトル	45
サムネイルウィンドウ	22
軸ラベル	120
時刻	68
下揃え	111
自動調整オプション	67
斜体	57
修整	136, 140
終了	21
上下中央揃え	111
新規プレゼンテーション	21
図	130
ズームスライダー	22
スクリーンショット	131
図形	76
図形に文字列を入力する	90
図形の色	86
図形の大きさを変更する	82
図形の間隔	93
図形の形状を変更する	83
図形の結合	95
図形の効果	89
図形の順序	92
図形のスタイル	88
図形の選択	95
図形の塗りつぶし	86

図形の変更	85
図形の枠線	78, 86
図形を移動する	80
図形を回転する	83
図形をグループ化する	94
図形をコピーする	81
図形を反転する	84
スタイル	57, 88, 112, 122, 137
ステータスバー	22
図のスタイル	137
スライド一覧表示モード	25, 51, 166
スライドウィンドウ	22
スライドショー	168
スライドショーのヘルプ	171
スライドショーを中止する	172
スライドタイトル	44
スライドにペンで書き込む	174
スライドの順番	50
スライドの縦横比	43
スライドのデザイン	70
スライドの表示	23
スライドのレイアウトを変更する	47
スライド番号	69
スライドマスター	74
スライドを印刷する	176
スライドを拡大表示する	170
スライドをコピーする	53
スライドを削除する	55
スライドを縦向きにする	43
スライドを追加する	46
スライドを複製する	52
正方形	77
セル	104
セル内の文字列の配置	111
セルの結合	107
セルの塗りつぶしの色	112

189

INDEX 索引

セルの分割···············107

た行

ダイアログボックス···············27
タイトル···············44
タイトルバー···············22
タイミング···············164
楕円···············77
縦書き···············108
タブ···············26
タブ位置···············63
段組み···············66
単純白黒···············181
段落の配置···············59
段落番号···············61
段落レベル···············65, 155
中央揃え···············59, 111
長方形···············77
直線···············77
データ系列···············118
データマーカー···············118, 125
データラベル···············121
テーマ···············42, 70
テキスト···············49
テキストボックス···············90
テクスチャ···············87
閉じる···············36
取り消し線···············57
トリミング···············134, 138

な行

名前を付けて保存···············32
ノート···············162
ノートウィンドウ···············162
ノート表示モード···············25, 163
ノートを印刷する···············179

は行

背景のスタイル···············73
配色···············72
配布資料···············182
発表者ツール···············168, 173
バリエーション···············42, 71
貼り付け···············54, 126
貼り付けのオプション···············54, 127
左インデント···············66
左揃え···············59, 111
日付···············68, 183
ビデオ···············132
ビデオを挿入する···············132
ビデオをトリミングする···············138
表···············104, 126
描画モードのロック···············77
表示モード···············24
標準表示モード···············24
表のサイズ···············109
表のスタイル···············112
表を削除する···············107
表を挿入する···············104
開く···············37
ファイル名拡張子···············35
フォント···············56, 72
フォントサイズ···············57
フォントの色···············58
フォントの種類···············56
複製···············52
フッター···············68, 182
太字···············57
ぶら下げインデント···············66
プレースホルダー···············44
プレゼンテーション···············18
プレゼンテーションを作成する···············42
プレゼンテーションを閉じる···············36

190

プレゼンテーションを開く……………37
プレゼンテーションを保存する…………32
ページ番号……………………183
ヘッダー………………………68, 182
ペン……………………………174

ま行

右揃え………………………59, 111
文字の影………………………57
文字列の方向…………………108
元に戻す………………………30
モノクロ………………………181

や行

矢印……………………………77
やり直し………………………31

ら行

ライセンス認証………………21
リハーサル……………………164
リボン…………………………22, 26
リボンのカスタマイズ…………27
リボンの表示オプション………26
両端揃え………………………59
リンク貼り付け………………126, 128
ルーラー………………………62
レイアウト……………………47
列………………………………104
列の削除………………………107
列の幅…………………………110
列を挿入………………………106

■ **お問い合わせの例**

FAX

1 お名前
技評 太郎

2 返信先の住所またはFAX番号
03-××××-××××

3 書名
今すぐ使えるかんたんmini
PowerPoint 2019 基本技

4 本書の該当ページ
110ページ

5 ご使用のOSとソフトウェアのバージョン
Windows 10 Pro
PowerPoint 2019

6 ご質問内容
手順2でマウス
ポインターが移動しない

今すぐ使えるかんたんmini
PowerPoint 2019 基本技

2019年9月24日　初版　第1刷発行

著者●稲村 暢子
発行者●片岡 巌
発行所●株式会社 技術評論社
　　　　東京都新宿区市谷左内町21-13
　　　　電話　03-3513-6150　販売促進部
　　　　　　　03-3513-6160　書籍編集部
装丁●田邉 恵里香
本文デザイン●リンクアップ
DTP●稲村 暢子
編集●春原 正彦
製本／印刷●図書印刷株式会社

定価はカバーに表示してあります。

落丁・乱丁がございましたら、弊社販売促進部までお送りください。交換いたします。
本書の一部または全部を著作権法の定める範囲を超え、無断で複写、複製、転載、テープ化、ファイルに落とすことを禁じます。

©2019　技術評論社

ISBN978-4-297-10752-9 C3055

お問い合わせについて

本書に関するご質問については、本書に記載されている内容に関するもののみとさせていただきます。本書の内容と関係のないご質問につきましては、一切お答えできませんので、あらかじめご了承ください。また、電話でのご質問は受け付けておりませんので、必ずFAXか書面にて下記までお送りください。
なお、ご質問の際には、必ず以下の項目を明記していただきますようお願いいたします。

1 お名前
2 返信先の住所またはFAX番号
3 書名
　（今すぐ使えるかんたんmini
　PowerPoint 2019 基本技）
4 本書の該当ページ
5 ご使用のOSとソフトウェアのバージョン
6 ご質問内容

なお、お送りいただいたご質問には、できる限り迅速にお答えできるよう努力いたしておりますが、場合によってはお答えするまでに時間がかかることがあります。また、回答の期日をご指定なさっても、ご希望にお応えできるとは限りません。あらかじめご了承くださいますよう、お願いいたします。
ご質問の際に記載いただきました個人情報は、回答後速やかに破棄させていただきます。

問い合わせ先

〒162-0846
東京都新宿区市谷左内町21-13
株式会社技術評論社　書籍編集部
「今すぐ使えるかんたんmini
PowerPoint 2019 基本技」質問係

FAX番号　03-3513-6167

https://book.gihyo.jp/116/